U0230307

高等院校室内与环境艺术设计实用规划教材

居住空间设计
（第2版）

刘 爽 编著

清华大学出版社
北 京

内 容 简 介

本书共分五章，按照居住空间设计项目的运作过程，分别阐述了居住空间设计原理、居住空间设计程序与方法、居住空间设计风格定位、居住空间的功能分类设计、居住空间界面设计及形式法则，并提供了居住空间中常用家具、物品的数据以及大量的照片图例分析，详细并形象地展示了居住空间的设计思维过程。

本书针对室内环境设计的专业特性，突出过程设计的科学性、逻辑性、工具性和适用性，目的在于提高读者、学生的设计意识与动手操作能力。

本书可供高等院校艺术设计专业师生使用，也可作为成人教育、广大艺术设计爱好者的参考资料使用。

图书在版编目(CIP)数据

居住空间设计／刘爽编著. —2版. —北京：清华大学出版社，2018（2024.1 重印）

(高等院校室内与环境艺术设计实用规划教材)

ISBN 978-7-302-50745-1

Ⅰ.①居… Ⅱ.①刘… Ⅲ.①住宅—室内装饰设计—高等学校—教材 Ⅳ.①TU241

中国版本图书馆CIP数据核字(2018)第172071号

责任编辑：刘秀青
装帧设计：刘孝琼
责任校对：王明明
责任印制：沈　露
出版发行：清华大学出版社
网　　址：https://www.tup.com.cn, https://www.wqxuetang.com
地　　址：北京清华大学学研大厦A座　　邮　　编：100084
社 总 机：010-83470000　　邮　　购：010-62786544
投稿与读者服务：010-62776969, c-service@tup.tsinghua.edu.cn
质量反馈：010-62772015, zhiliang@tup.tsinghua.edu.cn
课件下载：https://www.tup.com.cn, 010-62791865
印 装 者：三河市龙大印装有限公司
经　　销：全国新华书店
开　　本：190mm×260mm　　**印　张**：13.5　　**字　数**：320千字
版　　次：2012 年9月第1版　2018年10月第2版　　**印　次**：2024 年 1 月第8次印刷
定　　价：68.00元

产品编号：074316-01

Preface

前言

居室是我们每个人日常生活中最熟悉的空间部分，安逸、健康、舒适的生活需要在这里展开。建筑提供了居住空间的基本条件，如遮蔽风雨的空间结构、采光、通风和采暖等，但只有通过合理的居住空间室内设计，才真正把人和空间联系在一起，呈现空间真正的生命力。设计空间就是设计生活。不同的建筑结构、生活方式、家庭结构、文化素养，以及不同的人对居住空间的设计有着不同的要求。空间是既定的，而根据生活所需进行功能上的按需分配，设计出业主需要的层次和生活品质，这些是对设计师智慧的考验。设计居室是一次家的再生，是一次对新生活的建设，也是一次对设计师审美意识的考验。

居住环境的内外部空间与建筑结构有着不可分割的关系，是必不可少的，尤其是内部空间。因此，建筑设计的基础训练和知识体系对室内设计专业的学生而言是非常重要的。另一方面，居住空间中涉及的元素很多，涉及生活的各个方面。从初步设计阶段到空间交付使用之前的最终阶段，各种隐性矛盾势必会凸显出来，其中包括功能、风格、经济的准确定位，各种设施设备的安装，施工的工艺及收口处理，材料的合理使用以及后期配饰的精细化等，这些使居住空间的设计工作呈现出细致而复杂的状态，正因为如此，居住空间设计才具有了自身的挑战性和专业性。

随着时代的进步、经济的富足和人们居住意识的不断变化与提升，市场对室内设计、建筑装饰设计人才的需求不断增加，居住空间设计成为全国各大院校艺术设计相关专业的必修课程。本课程的设置目的，是让学生全面了解居住空间设计的过程和内容，强化学生居住空间设计的实践能力，在学生思维中建立系统的设计框架，培养学生的设计思维能力与解决问题的实践能力。鉴于此，本书以设计进程为框架，在介绍科学的设计方法的同时，分阶段地介绍了在居住空间设计过程中遇到的诸如空间设计的工作方法、如何与业主建立关系、把握各种设计风格所需要的设计词汇、不同功能空间的设计要点以及在居住空间界面处理时遇到的各种常见问题，力求帮助学生更好地理解理论与实践、教学与职业的关系，使学生在设计的各个阶段有章可循、有法可依。

本书可作为高等院校环境艺术、室内设计、艺术设计等专业师生的教学用书，也可作为室内设计、装饰装潢等工程人员的实用技术参考书。

本书由刘爽编写，力求简明扼要、联系实际、概括全面。书中精选了许多设计案例，如上海嘉春装饰设计工程有限公司王晓东和王仁杰的华府精装样板间、李明的红星海户型设计方案、大连亿达蓝湾样板间设计等，在此一并表示感谢。本书在编写过程中吸收了部分专家学者的理论成果，在书末已注明参考书目；书中引用插图多系近年搜集的教学图片，部分图片难以查明其来源，在此向原作者表示诚挚的谢意。

由于编者水平有限，不当之处敬请专家、读者斧正。

编　者

Contents

目录

目 录

Contents

绪论

学习目标

初步认知居住空间设计的概念、我国住宅建设的变化趋势、住宅空间设计的内容及 相关学科与技术因素等，认识居住空间设计的重要性，熟悉目前居住空间设计的行业趋向。

学习重点

居住空间设计对物质层面和精神层面的要求。

住房，无疑是21世纪人们最为热衷的话题之一。居住空间，作为人类的栖息地和庇护所，在解决御寒、栖身等生理需求的同时，也能够将人们从激烈的生存竞争压力中解脱出来，成为个人安放情感、得到归属感的核心空间，成为空间与人达成相互交融、加深交流的场所。随着时代的进步、经济的富足，我们的住宅走过了20世纪70年代讲有无、80年代讲配套、90年代讲环境这一基本过程。人们的居住意识在不断地变化与提升，21世纪我们对住宅的要求更多为讲文化。

图0-1

我们已经不再满足于居者有其屋的传统思想，不再停滞于最基本需要的物质层面，而是追求一种安全、舒适和温馨的家居环境，追求住宅内外部环境所衍生的生活品质，追求住宅带给我们自在惬意的生活方式和生活体验……图0-1所示为追求休闲、舒畅、恬静的田园风格设计；图0-2所示为寻求精神内涵的家居设计(以甜蜜柔情为主调的浓情巧克力)。“家”的概念，因此被融入了更多的精神内涵。

图0-2

家，形成社会的最小单位，无论它的空间是大是小，是简朴还是奢华，在情感上都是只属于我们自己的空间。大部分人，每天近一半的时间都是在家中度过的，这个空间最贴近生活，因此它包含了多种生活内容。例如，为家人提供休息、沟通情感、交

图0-1：大连·蓝湾设计。

图0-2：上海嘉春装饰设计工程公司。

际谈聚的客厅，是家庭的核心空间，它体现着整体空间的风格、气质和品位，如图0-3所示；日常进餐、宴请亲友的餐厅，要求美观雅致、柔和舒适，这样既刺激人们的感官，又能唤起客人的食欲；烹饪美食、交流和维系家人情感的厨房，则要求干净、整洁，如图0-4所示；个人休息、学习、更衣、睡眠的卧室，则要求舒适惬意，是确保不受他人妨碍的私密性空间，如图0-5所示；安静、幽雅、私密的书房空间，使主人保持了轻松宁静的心态，如图0-6所示，设计时要考虑门、窗的位置以及空气质量、光环境、隔音减噪等问题；功能完善，设施齐备，设计人性化的卫浴空间可使人放松身心，缓解疲劳，如图0-7所示；等等。这些必要的功能区间直接关系到室内生活的质量和人们的安全、健康。除此之外，随着社会经济的进一步发展，新兴产业的不断涌现，高收入群体的日益壮大，以及个人掌握知识量、兴趣、品质要求的差异，人们对住宅品质和住宅功能的要求和期望也在不断提升，居住空间的设计正朝着个性化和功能细化的方向发展。在满足使用功能这一基本条件以后，城市居民选择大房型的倾向十分明显。由于居住空间面积的扩大，内部使用区域的划分将更为自由，功能也更为丰富，如根据住户自身需要可增加视听室、茶室、健身房、更衣室、保姆房、存储间、工作间、游戏室等。例如，图0-8所示的红酒储藏室，图0-9所示的健身房，图0-10所示的视听室，图0-11所示的娱乐休闲室。

图0-3

图0-4

图0-5

图0-6

图0-7

图0-8

图0-9

(a)

(b)

图0-10

图0-11

随着生活水平的提高，我国城市住宅的建设出现了如下变化。

1. 我国城市住宅建设的变化趋势

现今，我国城市住宅建设存在着以下几种变化趋势。

(1) 居住水平由“生存型”向“小康型”转变。

(2) 制度由福利分配向商品住宅过渡。

(3) 结构由砌体结构的低层住宅向框架结构的高层住宅转变，如图0-12所示。

(4) 装饰施工由最初的“游击队”式的不规范

图0-12

图0-10(a)：视听室背景墙上的明星照片使电影中的经典得以重现。

图0-10(b)：视听室的形式与色彩同样体现了一种怀旧气质。

图0-12：高层住宅图来源于大连红星海世界观项目方案。

操作向设计施工标准化转变。

(5) 空间的划分由封闭不变的固定空间向开敞多变的灵活性空间划分过渡。例如，同是私密空间，将书房与卧室并置，可以使空间更为开阔、灵活，如图0-13所示。

图0-13

(6) 设计品质由盲目追求装修的式样向健康、舒适、节能、低耗的绿色设计转变。

(7) 审美情趣和设计风格由从众、跟风向个性化、装饰风格多样化转变。

为了满足居民日益增长的高舒适度要求，住宅室内设计必须从多方面着手，其中包括：因地制宜的物理环境设计，功能合理的空间形象设计，得体的室内装修设计，高品位的室内陈设及室外景观环境设计等。

作为居住空间环境的设计、创建或改造，最重要的是“以人为本”，也就是充分尊重和关怀人在住宅环境中的具体需求，把生活在其空间中的每个人的生理与心理需求放在第一位，体现出环境对人的深度关怀，在保证居住安全性和健康性的同时，努力提高居住空间的私密性、舒适性、灵活性和艺术性。

2．住宅空间设计的内容、相关学科及技术因素

作为室内建筑范畴的住宅空间设计，有着相同的、与之密切相关的学科和技术因素。

(1) 设计内容：包括室内空间、形体、界面设计；室内光照、色彩设计，装饰材料质地的选用；室内家具、灯具、绿化等内含物的选用或设计等。

(2) 相关学科：包括建筑美学、人体工程学、环境物理学和环境心理学等。

(3) 技术因素：包括施工工艺、工程经济；环控、水电、音响等设施、设备；构造构成、

构造做法等。

因此，作为室内建筑师、设计师，应对住宅室内空间问题进行全方位的研究，除了关注居住者的生理环境之外，要更多地强调心理健康、道德健康等多层次的健康要求，以创造出安全、便捷、舒适、健康的居住环境；应尊重客观需要，从狭义的美学和装饰观念中解脱出来，关注人文关怀的内涵层面，提高设计的综合能力。最终，根据建筑物的使用性质、所处的环境和相应标准，运用物质技术手段和建筑美学原理，创造功能合理、舒适优美、满足人们物质和精神生活需要的住宅空间环境。例如，图0-14所示的色彩与风格统一的灯具与家具；图0-15所示的改善用餐环境与心情的陈设；图0-16所示的渲染空间氛围的陈设配饰；图0-17所示的改变空间生硬、枯燥环境的绿化装饰。

图0-14

图0-15

图0-16

图0-17

总之，现代居住空间设计应以人的需求为本质，以SHCB为原则[即安全(Safety)、健康(Health)、舒适(Comfort)、美观(Beauty)]，以人性化空间设计为宗旨，以可持续发展的绿色空间设计为目标，创造具有个性化和高品质的空间艺术形象。例如，图0-18所示的充满东南亚异国情调的疗养空间；图0-19所示的与绿化、水体、阳光相拥的绿化空间。

图0-18

图0-19

本章小结

本章介绍了居住空间在我国发展的现状和近年来居住空间设计的趋势，阐明了功能与形态、艺术与技术是居住空间设计的要点。

思考与练习

1. 居住空间到底要设计什么？
2. 简述我国的住宅建设发展的历程和发展趋势。
3. 住宅空间设计的内容包含了哪些方面？
4. 回忆你的成长经历，做一次居住空间体验活动，提取理想居住空间的关键词汇。

第1章

居住空间设计原理

学习目标

通过对设计原理的学习，理解居住空间设计的规范、要求及设计原则，明确居住空间设计的内容，培养学生整体思维的能力。

学习重点

居住空间设计的整体思考方法与设计原则。

改革开放40年来，伴随着综合国力的不断上升及人们生活水平和消费能力的不断提高，住宅室内空间设计如雨后春笋般茁壮成长，在设计理论和工程技术方面都取得了很大的发展。同时，也由于它自身发展的历史并不长，因而不同的学者对住宅空间设计的概念与界定有不同的看法。

一部分学者认为，住宅室内空间环境的设计是对住宅建筑设计的延续、深化和再创造。在设计的时候首先应该考虑空间布局、功能的完善等，内容主要包括平面布置、空间组织、围护结构表面(墙、地面、门窗等)的处理、照明的运用以及室内家具、织物、装饰品和植物的陈设等。

另一部分学者则认为，住宅空间设计和建筑设计是两个相对独立的过程，其目的就是要为人们营造一个温馨、舒适和安全的家，其内容比空间设计、结构设计复杂。这是因为住宅空间设计必须与不同个性的人打交道，必须研究人们的心理因素以及如何使他们感到舒适和愉悦。因此它是融合了建筑学、环境心理学和生活行为学等多个领域的综合性学科。

居住空间是人们赖以生存最基本的也是最重要的生活场所，随着人类社会的进步而发展。室内建筑师或设计师，应首先研究家庭结构、生活方式和习惯及地方特点，通过多样化的空间组合形成满足不同生活要求的住宅。

目前的住宅按高度、房型、套型可分为如下几类。

1．住宅按高度分类

住宅按楼体高度可以分为：低层、多层、中高层、高层与超高层。

低层住宅，是指1～3层的住宅，主要指一户独立式住宅，或两户连立式和多户联排式住宅；多层住宅，是指4～6层高的住宅，借助公共楼梯解决垂直交通，是一种具有代表性的城市集合住宅；中高层住宅是指7～9层的住宅；高层住宅是指10层以上的住宅；超高层住宅是指30层以上的住宅。高层住宅的主要优点是土地利用效率高，有较大的室外公共空间和设施，眺望性好。此外，“小高层”一般是指9～12层高的集合住宅，既具有多层住宅同样的氛围，又是较低的高层住宅，故称为小高层。

2．住宅按房型分类

住宅的房型主要分为：单元式住宅(见图1-1)、公寓式住宅(见图1-2)、复式住宅、跃层式住宅、花园洋房式住宅(别墅)(见图1-3)、小户型住宅等。

图1-1

图1-2

图1-3

(1) 单元式住宅，也叫梯间式住宅，一般为多层住宅所采用，是一种比较常见的类型。是指每个单元以楼梯间为中心布置住户，由楼梯平台直接进入分户门；住宅平面布置紧凑，住宅内公共交通面积少；户间干扰不大，相对比较安静；有公摊面积，可保持一定的邻里交往，有助于改善人际关系。

(2) 公寓式住宅，一般建筑在大城市里，多数为高层楼房，标准较高，每一层内有若干单户独用的套房，包括卧房、起居室、客厅、浴室、厕所、厨房、阳台等；有的附设于旅馆酒店之内，供一些常常往来的中外客商及其家属中短期租用。

(3) 错层式住宅，是指一套住宅室内地面不处于同一标高，一般把房内的厅与其他空间以不等高形式错开，但房间的层高是相同的。

(4) 复式住宅，一般是指每户住宅在较高的楼层中增建一个夹层，两层合计的层高要大大低于跃层式住宅(复式为3.3米，而一般跃层式为5.6米)，其下层供起居用，如炊事、进餐、洗浴等；上层供休息睡眠和贮藏用。

(5) 跃层式住宅，是指一套住宅占有两个楼层，由内部楼梯联系上下楼层。跃层户型大多位于住宅的顶层，结合顶层的北退台设计，因此，大平台是许多跃层户型的特色之一。室

图1-3：通常豪宅、别墅式住宅都配有良好的景观设计。

内布局一般一层为起居室、餐厅、厨房、卫生间、客房等，二层为私密性较强的卧室、书房等。

(6) 花园式住宅，一般称作西式洋房或小洋楼，也称花园别墅，一般都是带有花园草坪和车库的独院式平房或两三层小楼，建筑密度很低，内部居住功能完备，装修豪华并富有变化。住宅内水、电、暖供给一应俱全，户外道路、通信、购物、绿化也都有较高的标准，一般是高收入者购买。

(7) 小户型住宅，是近年来住宅市场上推出的一种颇受年轻人欢迎的户型。小户型的面积一般不超过60平方米。小户型的受欢迎与时下年轻人的生活方式息息相关。许多年轻人在参加工作后，独立性越来越强，再加上福利分房逐渐取消，因此在经济能力不太强、家庭人口不多的情况下，购买小户型住宅不失为一种明智的过渡性选择。

3. 住宅按套型分类

住宅的套型主要可以分为：一居室、二居室、三居室、多居室等。

“套”是指一个家庭独立使用的居住空间范围，即每家所用的住宅单元的面积大小。住宅的“套型”也就是满足不同户型家庭生活的居住空间类型，我们习惯上也称作“户型”。

住宅户型面积指标是以“室”来划分的。通常来说，住宅中不少于12平方米的房间称为一个“室”，6～12平方米的房间称为半“室”，小于6方米，一般不算“室”数，因而，住宅户型又可分一室户、一室半户、二室户、二室半户、三室户、多室户等。这里需要指出的是，“室”概念实际上是“间”的意思。

另外，“户型”更通俗的说法是按“卧室”的间数来起名字，也就是所谓的一居室、二居室、三居室、多居室等，如常见的二室一厅、三室两厅等。当然，这里指的“卧室”不一定是当卧室用；而“厅”指的起居室空间，一般包括客厅或餐厅，甚至是过厅(中小户型的“过厅”常兼作餐厅，大户型的“过厅”则一般具有单独功能)。

(1) 一居室。一居室在房型上属于典型的小户型，通常是指一个卧室、一个厅(指客厅，一般很小)和一个卫生间、一个厨房(也可能没有)。特点是在很小的空间里要合理地安排多种功能活动，包括起居、会客、储存、学习等；市场房价一般单价偏高，但总价较低，消费人群一般为单身一族。目前，一居室就房地产开发而言，尤其在大城市是一种稀缺户型，需求比较旺盛。

(2) 二居室。一般说法有二室一厅、二室两厅两种户型。但二室一厅为常见，是指有两个卧室、一个厅(客厅可兼餐厅，比一居室稍大)、一个卫生间和一个厨房。其特点是户型适中，方便实用，消费人群一般为新组建家庭。二居室也是常见的一种小户型结构。

(3) 三居室。三居室可以归为一种较大户型，主要有三室一厅、三室两厅两种户型，是指有三个卧室、一个厅或两个厅(客厅和餐厅)、一个或两个卫生间和一个厨房。其特点是面积相对宽敞，三居室尤其是三室两厅户型，是一种相对成熟、定型的户型，一般居住时间较长，是常见的大众户型。

(4) 多居室。多居室也常称作多室户，属于典型的大户型，是指卧室数量超过四间(含四

间)以上的住宅居室套型。由于套内面积较大，一般都有两卫或三卫以上。功能布局上与小户型相比更为合理，考虑主、客分区，尤其动静分区划分清晰。其特点是功能分区明确，居住面积宽敞，适合人口较多的家庭。

一般错层住宅是较为典型的多居室。其主要说法有：四室一厅、四室二厅、四室三厅、五室一厅、五室二厅、五室三厅等。其中，四室二厅、四室三厅是较多见的户型，性价比也较好；而五室户及以上通常更多地出现在复式住宅和别墅住宅中。

现在一般所采用的就是以上几种户型的分类法。当然，不同的户型都有自身的优劣之处。尽管住宅的形式各有不同，但住宅空间环境却遵循着相同的设计原理。

住宅是以户为单位的，合理的空间布局是室内设计的基础。设计之初，我们必须对所设计的空间进行现场测绘，掌握详细的尺寸，对空间有初步的印象与设想，如图1-4、图1-5所示。空间的位置组合、顺畅的交通流线(见图1-6)、适宜的光环境(特别是自然光，对于空间质量而言，首先要注意采光、通风、采暖等物理环境的设计)(见图1-7)、健康的空气环境都是住宅空间设计的首要因素。其次，根据住宅功能的需要，在设计、选材、施工、管理和维修的整个过程中，设计师还应重视天然环保材料的使用、节能和可持续发展的原则、设计风格的个性化与精神化、经济造价的合理化等问题。例如，藤、砖、原木等材料的使用，不但体现了对环保材料的重视，还使空间充满了自然质朴的生活气息(如图1-8所示)。

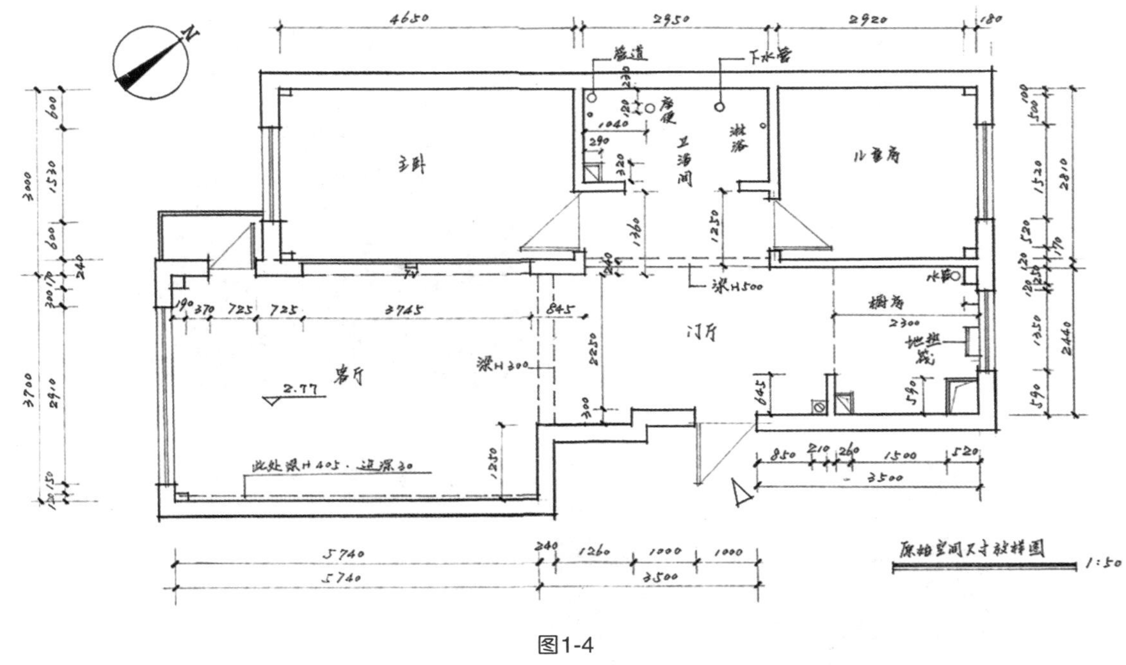

图1-4

由此可以看出，居住空间设计不是单纯的装饰美学问题，它涵盖了建筑学、生理学、心理学和社会学等多个层面。因此，设计师必须融汇各领域、各环节的专业知识，才能创造出理想的、高品质的居住空间环境。如图1-9所示为给视力障碍者设计的卧室。

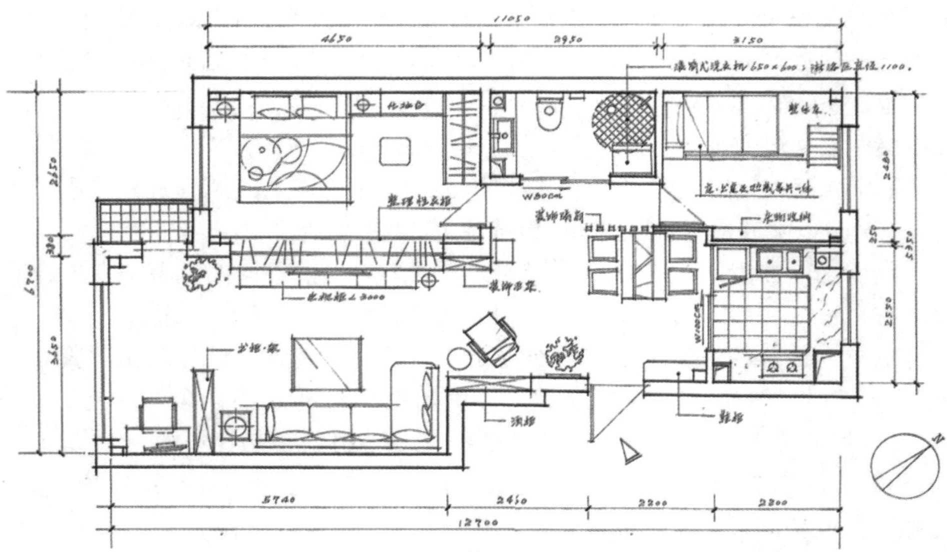

图1-5

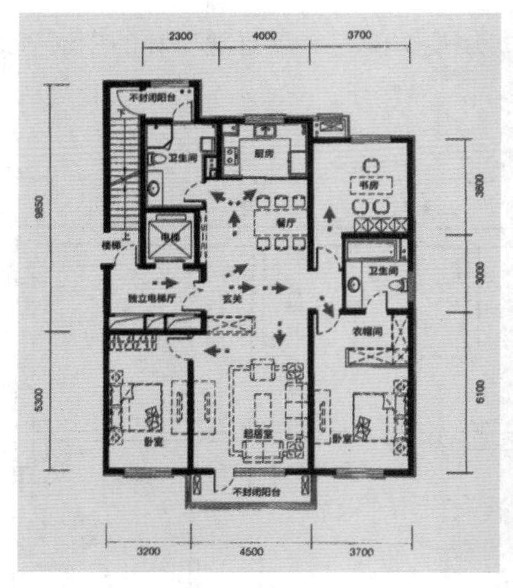

图1-6

图1-7

图1-8

图1-9

1.1　居住空间设计的基本理念

住宅是人们赖以生存最基本的也是最重要的生活场所，人们设计、创造的居住空间环境，必然会直接关系到人的生活质量，关系到人们的安全、健康和舒适度等。因此，居住空间环境的创造，应该把保障安全和有利于人们的身心健康作为设计的首要前提。人们对于居住环境除了使用安排、冷暖光照等物质功能方面的要求之外，还常要求其与居民性格、生活行为、生活品质等相适应，使其符合文化精神生活的室内环境氛围和空间风格等精神功能。

总之，明确“创造满足人们物质和精神生活需要的居住空间环境”是居住空间设计的目的，即“以人为本”。

居住空间设计，从创造符合可持续发展，满足功能、经济和美学原则，并体现时代精神的居住空间环境出发，设计之初需要确定以下一些基本理念。

1.1.1　环境为源，以人为本

现代住宅室内设计，这一创造人工环境的设计、选材、施工过程， 甚至延伸到后期使用、维护和更新的整个人为活动过程，理应充分重视可持续发展、环保、节能减排等现代社会的准则。

作为居住空间的设计和创造者决不可急功近利、只顾眼前，而要确立节能、充分节约与利用室内空间，力求运用无污染的“绿色装饰材料”，以及创造人与环境、人工环境与自然环境相协调的观点，即空间设计必须与室内外环境相协调，如图1-10所示。

“以人为本”的理念，即在设计中以满足人和人际活动的需要为核心。根据日常生活与行为来组织空间是居住空间设计的要点，如图1-11所示。

图1-10

图1-11

设计的目的是通过创造为人服务，居住空间设计更是如此。设计者始终需要把业主对住宅的需求，包括物质使用和精神两方面放在设计的首位。由于设计的过程中矛盾错综复杂，问题千头万绪，设计者需要清醒地认识到要将以人为本、为人服务、为确保人们的安全和身

心健康、为满足人和人际活动的需要作为设计的核心。为人服务这一真理虽然平凡，但在设计时往往会有意无意地因过多地从艺术角度和局部因素考虑而被忽视。

从为人服务这一功能的“基石”出发，需要设计者细致入微、设身处地地为人们创造美好的室内环境。因此，现代居住空间设计特别重视对人体工程学、环境心理学和审美心理学等方面的研究，用以科学地、深入地了解人们的生理特点、行为心理和视觉感受等方面对室内环境的设计要求。如图1-12所示，该空间采用了客厅、书房与餐厅的并开式设计，使得原本狭窄的空间在视觉、感官上得以放松。

图1-12

1.1.2 系统与整体的设计观

现代住宅室内设计需要确定系统与整体的设计观。这是因为室内设计是一项系统工程，它与空间的功能性、地域的季候性、建设的经济性、特定的时段性、装饰的艺术性以及工程的科学性等因素有关，如图1-13所示。室内设计要紧密地、有机地联系着方方面面，不能孤立地就装饰论装饰。若环境整体意识薄弱，容易就事论事，“关起门来做设计”，使创作的室内设计缺乏深度，没有内涵。

图1-13

1.1.3 科学性与艺术性结合

现代居住空间设计的又一个基本理念，是在创造室内环境中高度重视科学性、高度重视艺术性及其相互的结合。社会生活和科学技术的进步，人们价值观和审美观的改变，促使居住空间设计必须充分重视并积极运用当代科学技术的成果，包括新型的材料、结构构成和施工工艺，以及为创造良好声、光、热环境的设施设备。现代居住空间设计的科学性，除了在设计观念上需要进一步确立以外，在设计方法和表现手段等方面也日益受到重视。例如，光环境的设计在现代空间氛围营造中的作用已至关重要，如图1-14所示。设计者已开始认真地以科学的方法分析和确定室内物理环境和心理环境的优劣，并运用数码技术辅助设计和绘图，使设计图纸与工程成果极为接近，如图1-15所示。

居住空间设计，一方面需要充分重视科学性；另一方面需要充分重视艺术性。在重视物质技术手段的同时，重视具有表现力和感染力的室内空间和形象，创造具有视觉愉悦感和文化内涵的居室环境，使生活在现代社会高科技、高节奏中的人们，在心理、精神上得到平衡，即将高科技和感情问题有机结合。总之，室内设计是科学性与艺术性、生理要求与心理要求、物质因素与精神因素的平衡和综合。科学性与艺术性两者绝不是割裂或者对立的，而是可以密切结合的。如图1-16所示为具有艺术感染力的书房设计。

图1-14

图1-15

图1-16

1.1.4　时代感与文化感并重

居住空间环境，总是从一个侧面反映当代社会物质生活和精神生活的特征，铭刻着时代的印记，更需要强调自觉地在设计中体现时代精神，主动地考虑满足当代社会生活活动和行为模式的需要，分析具有时代精神的价值观和审美观，并积极采用当代物质技术手段。

同时，人类社会的发展，不论是物质技术的还是精神文化的，都具有历史延续性，追踪时代和尊重历史，就其社会发展的本质来讲是有机统一的，如图1-17和图1-18所示。

(a)

(b)

图1-17

图1-18

图1-17：尊重传统的现代中式风格设计。

图1-18：充满禅意的意境空间设计(设计：梁志天)。

1.1.5 动态发展观

空间环境由于时间和使用功能的变化，室内空间的分隔、室内装饰和设施配置也相应地发生着变化；由于人们在室内环境艺术氛围、时尚风格等审美观上的改变，室内环境需要作出相应的变化，这是室内设计与建筑设计有较大区别的地方。因此，居住空间设计通常需要考虑给室内环境留有更新改变的余地，需要以动态发展的理念进行设计，要使对平面布局、室内空间分隔的调整、装饰材料的更新、设施设备的改变等具有可能性。

我国清代文人李渔曾写道：“与时变化，就地权宜”“幽斋陈设，妙在日异月新”即所谓“贵活变”的论点。他还建议不同房间的门窗， 应设计成不同的体裁和花式，但是要具有相同的尺寸和规格，以便根据使用要求和室内意境、风格的需要，使各室的门窗可以更替和互换。“贵活变”的论点，虽然还只是从室内装修的构件和陈设等方面去考虑，但是它已经涉及了因时、因地的变化，把室内设计以动态的发展过程来对待。图1-19所示为空间装修后配饰前；图1-20所示为空间配饰后，空间内的陈设、饰品可根据风格、意境的需要进行调整和改变。

图1-19

图1-20

现代居住空间设计的一个显著的特点是它具有时间性，从而引起的室内功能和装饰相应地变化和改变显得特别突出和敏感。当今社会生活节奏日益加快，住宅室内的功能复杂、多变，室内装修装饰材料、设施设备甚至门窗等构配件的更新换代也日新月异。

1.2 居住空间设计的基本原则

现代居住空间设计应以人的需求为本质，以安全(Safety)、健康(Health)、舒适(Comfort)、美观(Beauty)为原则，即SHCB原则。下面将对居住空间设计的基本原则——SHCB原则作进一步介绍。

1.2.1　安全

任何设计，在发挥其正常的功能作用之前，首先要思考的是安全问题。美国心理学家亚伯拉罕·马斯洛(Abraham H.Maslow)于1943年在《人类激励理论》论文中提出人类需求层次理论，如图1-21所示。该理论将人的需求分为五种，像阶梯一样从低到高，按层次逐级递升，分别为：生理上的需求(包括衣食住行性)，安全上的需求(包括人身安全、社会保障、资源所有、道德保障及家庭安全等)，情感和归属的需求(包括友情、爱情等社会需求)，尊重的需求(包括自我尊重、信心、对他人的尊重、被他人尊重等)，自我实现的需求(包括道德、创造力、自觉性、解决问题的能力、公正度、接受现实及实现个人理想等)。其中，安全需求属于温饱阶段的低层次需求，但却是最基本的生理要求。失去安全感，递进的高层次需求将难以实现。

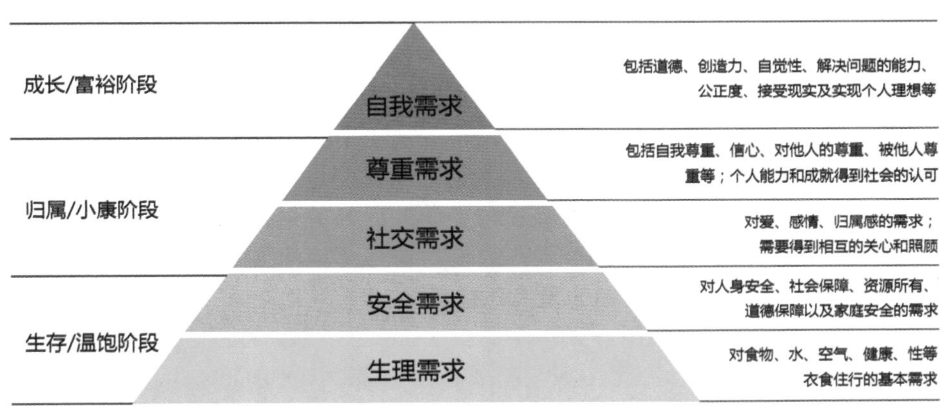

图1-21

在居住空间设计与施工的过程中，经常面临着拆除、移位，包括墙体的改造，承重墙的改造，楼梯的安装等问题，我们应注意和尽量避免对承重及建筑原结构的调整，否则面临的就是危险；此外，装修过程中应注意使用强度很高的优质材料，做好强弱配电图纸，进行无障碍的设计，为老人、孩子提供安全保障，减少玻璃利用量等问题。在我们做设计之初，就应当引起高度重视，因为每项内容都是和最基本的生理需求及安全需求息息相关的。

1.2.2　健康

空间是为人服务的。在居住空间设计过程中，会出现错综复杂、千头万绪的各种问题，我们应始终坚持以人为本的设计理念，确保人的安全和身心健康。身心包含两个层面，“身”的生理层面和“心”的精神层面。

1.生理层面

我们的设计在解决采光、通风、采暖和私密等基本问题的基础上，材料选择、人体工学

设计方面要做到人性化，要使设计的空间贴近家庭每个成员的生活，让他们使用起来更加舒适和易用，例如坐便器上的加热盖板、除臭设计，厨房合理的操作尺度设计，空间中使用无毒、无污染的环保节能材料等。这是空间设计最重要的一点，因为空间是为人设计的，而不是一个简单的艺术品。

2.精神层面

现代居住空间设计特别重视对文化归属、环境心理学及审美心理等方面的研究，要从科学、人文方面深入了解家庭各成员的行为心理和视觉感受，从健康的角度综合处理人文与空间，空间与人、人际交往的关系，更好地体现以人为本、健康设计的理念。

1.2.3 舒适

人通过五感(即视觉、听觉、嗅觉、味觉和视觉)接收环境的信息。通常，人体的热平衡机能、体温调节、内分泌系统和消化器官等生理功能受到温度、湿度、气压、光照和风等的影响而产生舒适感的认知。除此之外，我们观察空间中的装饰风格和陈设绿化，听到休闲区域设置的潺潺水声，嗅到树木花草那沁人心脾的清香，或者闻到令人恶心的腐烂物气味，所有这一切都能让我们感受到空间的舒适程度。舒适度主要取决于空间封闭程度带来的开敞与私密及空间的大小带来的拥挤与空旷或舒适，也取决于空间中的人、物、活动、噪音、色彩和图案等的相互关系。居住空间设计的根本就是处理好人与物之间的相互关系，因此要营造一个感觉舒适的空间，就要处理好室内陈设与空间的良好关系并处理好物体及空间的色彩、尺度等相关因素。在科技日益发展的今天，人们对居住环境的要求也越来越高，面对繁忙的都市生活，舒适的居住环境才是人们的最终归宿。

1.2.4 美观

居住空间设计的目的是“营造舒适的生活场所”，因此掌握“空间”“人”“物”这三个要素，并在保持三要素协调的同时创造高品质的设计是十分重要的。东汉“建安七子”之一的徐干曾在《中论·治学》中提出：“器不饰则无以为美观。”居住空间设计也是如此，功能性与形式美的统一，一直是设计师追求的设计目标。任何好的设计，都遵循着一定的美学规律，如比例、尺度、韵律、均衡、对比、协调、变化、统一、色彩和质感等，人们通过观察空间中的形、色、光与陈设，产生主观的审美情感。空间的艺术价值来自它唤起人们的审美情趣，这种美感所带来的空间意境的形成，必须经过长期的艺术训练才能得来，东拼西凑只会造成空间的混乱与无序，也就称不上艺术与美观了。因此，提高设计师自身的艺术素质和审美能力对于提高空间设计的水平至关重要。

居住空间设计包括物质功能和精神功能两方面的双重要求。它既要求居住空间满足使用、安全和卫生等基本要求，又要求室内空间提供良好舒适的物理环境，解决照明、采暖、制冷、通风和供水等一系列技术问题，还要求家居环境能满足使用者的精神需求，使设计尽量与使用者的身份、年龄、气质、民族和文化背景等相吻合。例如，图1-22所示的优雅奢华的新古典主义设计风格；图1-23所示的飘逸着轻盈慵懒的华丽、带有拙朴的禅意和别样异域风情的东南亚设计风格。

图1-22

图1-23

任何艺术设计作品，首先应满足视觉感官的基本要求，此外，还应在美观的基础上强调设计上的标新立异和独特构思，这样才能满足人们日益增长的个性化需求。

01

1.3　居住空间设计的内容

居住空间是最基本的建筑空间，一般是指供人尤其是供家庭较长时期居住的空间，往往由一间或数间房间组成，内部空间因居住者的构成及其生活方式的不同而有所差异。居住空间结构的合理与否影响着居民的生活环境、生活质量。住宅空间设计是一个复杂的人工环境的总体营造，其内涵要比住宅装饰和住宅装修的范围广得多。住宅空间设计除了视觉、审美的因素外，还包含了工程技术、经济以及文化等综合因素。概括起来，住宅空间的设计内容包括以下几个方面。

1.3.1　功能布局和空间规划设计

合理的功能布局和空间规划，是体现人文关怀的首要因素。各功能空间的有效利用，主要空间和辅助空间科学合理的安排，满足人们的生活和精神需求，是设计师在空间设计中考虑的首要因素。虽然大部分的商品房在购买之前已经在功能上分成了客厅、卧室、厨房和卫生间等空间，但设计师应该从空间的组织和人的活动流线出发，合理地组织空间关系，不能完全受限于空间的约束。在空间布局时，由于各功能空间中生活行为的不同，尺度、比例的要求也各不相同，必须通过平面或模型进行模拟和测算，使空间整体、尺度合理，细节设计更接近人的空间使用情况。因为空间中“人”的介入，才使得室内空间有了生活行为的存在。按照这个道理，居住空间室内设计虽然是由地面、墙壁和天花的空间构成，可没有了人的行为，它充其量是一个由六个面围合起来的箱子，只有人进入空间的时候，能够看到什么、听到什么、闻到什么气味，以及颜色、光线、温湿度、材料、家具等使人在这个空间中产生了行为活动、“场景感”和情感，这个室内空间才产生了作为空间的意义。因此，室内空间的设计，等同于对行为本身进行设计。

功能布局和空间规划是空间得以合理建设和装饰的基础，而这个规划的首要工作是区分空间，对于设计师而言，常以图形的方式将空间在平面上的合理布局绘制成平面图。建筑大师勒·柯布西耶(Le Corbusier)在他的教学中曾经指出“平面是根本”。平面图几乎是一种完全脱离实物的抽象划分，然而平面图却是我们要整体地了解建筑及其内外环境这一有机体的第一手资料。平面虽然是二维图形，但设计师在空间规划时却是按照人体的尺度来设计模板、从人体工学的角度思考空间布置、从心理行为出发设计室内动线，同时思考光线、室内外色彩、声音、温湿度和形状，并兼顾了门、窗、举架、隔墙的视觉高度来控制视觉上的美感。因此完全正确、充实的平面布局，是实现一个环境整体效果的根本所在，如图1-24和图1-25所示。

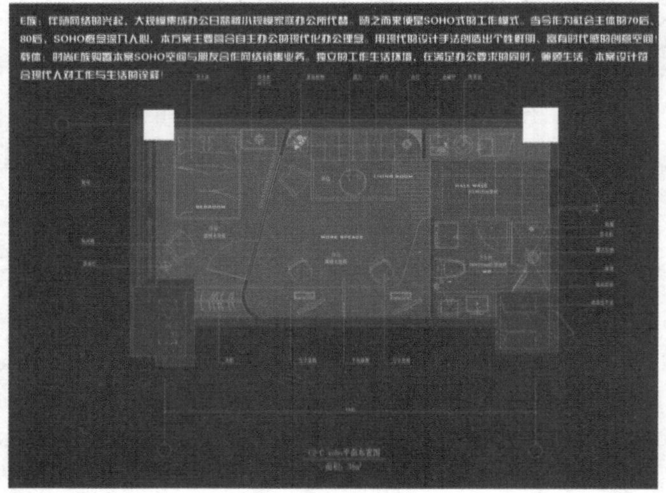

图1-24

图1-25

图1-24：平面规划图(设计：上海嘉春设计工程有限公司)。

图1-25：空间效果图(设计：上海嘉春设计工程有限公司)。

01

1.3.2　住宅物理环境设计

住宅物理环境设计主要包括采光(自然光和人工照明)、采暖、换气、通风、温湿度和声学设计等涉及人们居住的物理环境以及水电设施的设计。

光是家居设计的生命。远古的人类，过着白天在户外利用太阳的自然光生活、夜晚就睡觉的简单生活，然后有了取火的行为……经历了漫长的岁月，出现了人工照明，其技术现在仍在不断进步。改变这一历史的是电灯的发明，它弥补了自然光在阴暗处的不足，并在夜间提供稳定的人工照明。

在居住室内环境中，日间一般以自然采光为主，自然光有明朗、健康、舒适、节能的特点。自然光源主要通过开窗来实现，窗的主要功能是解决采光、换气和透过视线，但由于时间段和天气的原因，仅靠自然光的照度是不够的，特别在一些室内窗口小或光线无法进入以及黑天的情况下，就需要采用人工照明。人工照明具有光照稳定，不受房间朝向、位置影响等特点，可以灵活运用自然光和人工照明，设计综合的照明计划。适宜的光环境主要体现在室内的照度能满足生活需要，并具有良好视觉效果的照明。依据国家标准《建筑照明设计标准》(GB 50034-2004)，以0.75m水平面平均照度为例，中国普通室内照度标准是300lx，高级室内的照度标准是500lx。在生活空间光环境设计时，应根据生活需求的差异性，在考虑基本照明的同时，配置能够进行调节的局部照明或点光源来满足不同照度的需要，如利用台灯、射灯或壁灯增加局部照明，满足高亮度作业面的需要(见图1-26)。而对于特定的空间功能，人工照明的照度要求则十分严格，如图1-27所示。如果照度平均，不仅不能取得良好的视觉效果，而且可能达不到要求，或者造成光污染及能源浪费。适宜的照明环境除了满足生活环境的照度外，还应考虑视觉效果和照明质量，宜选用显色性强的光源和避免眩光的灯具。另外，还要考虑室内空间各个表面应保持合适的亮度关系，墙面、顶棚与工作面亮度差别过大易引起视觉疲劳；亮度差别过小，整个环境又会显得平淡呆板。居住空间照明设计，应着重强调白天对自然光的充分利用，从窗户的位置、朝向、形状、大小、开窗方式、房间用途来设计光射入室内的范围，仔细思考阳光的季节性、色温与热度，并与人工照明相结合，考虑照明的方式、灯具的特点和合适的安装地点，综合地、整体性地来创造和谐、舒适的光环境，如图1-28所示。

采暖，就是将热能由热源通过热媒传送到用户，将热能释放，补充由于室外气候或其他因素造成的热损失，即通过采暖的手段释放热能，达到人体适宜的室内温度，以满足人们生产和生活的需要。常见的热源有家用燃煤或燃气炉、锅炉房、地热能、热泵、太阳能等。随着我国电力负荷的增多，以热电厂为热源的区域供暖系统逐渐增多。对于一个房间而言，室内外温差的存在，会通过墙、窗、屋顶、地面等维护结构和外界发生传热，其主要影响因素有室外温度、室外风速、围护结构保温性能、建筑朝向、房间高度等，设计室内空间时有必要进行综合考虑。对于居住空间，目前的采暖设备主要以散热器、地板采暖及空调为主。常用的散热器有铸铁、钢制、铜管铝片和铝制散热器等，根据散热器形式的不同可挂墙安装和落地安装，通常置于外窗的窗台下，对于进深较小的房间，也可设置在内墙侧。由于散热器是以对流散热为主，因此可采用顶部敞开、下部距地150cm包暖气罩的做法强化对流散热的效果，也可选择表面光洁、外形美观的钢制散热器与室内装饰整体考虑；地板采暖是将塑料管材埋入地面，通过低温热水加热地板，再由地板向室内进行辐射为主的传热，克服了采暖

方式集中在上方的缺陷，舒适感得到了改善，除了分集水器外不占用室内面积，对室内布置有利。其缺点是地面垫高6～8cm，层高受到影响，装修时地面不易打钉，以免穿透管材；在空调房间中，经过处理的空气由送风口进入房间，与室内空气进行热质交换后，经由回风口排出。空气的进入和排出，必然引起室内空气的流动，而不同的空气流动状况有着不同的空调效果。合理地组织室内空气的流动，使室内空气的湿度、温度、流速等能更好地满足工艺要求和符合人们的舒适感觉，这就是气流组织的任务。空调房间常用气流组织的送风方式大致可归纳为四类：侧送风、散流器送风、条缝送风及喷射式送风。

图1-26

图1-27

图1-28

住宅的换气、通风问题一般在建筑设计中都会有所考虑。随着住宅内密封度的提高和隔热性的增强，通风、换气的重要性就逐渐凸显出来。窗是促进或防止室内外空气流通的主要方式。按窗的使用方法、构造和样式分类，通常有平开窗、推拉窗、悬窗、外推窗、滑窗、内拉窗、固定窗、百叶窗、飘窗等。在室内设计中要充分注意到这一因素的重要性，不能盲目改变建筑的门窗位置方向，以保证良好的通风环境。应尽量采用自然通风。夏季炎热时，应尽可能增加室内空气的对流，合理地使用房间的穿堂风；冬季寒冷时，加强房间的密封措施，防止门窗空气的渗漏，为了防止室内空气过于污浊，也应注意房间的通风换气次数。住宅类建筑一般不宜采用专门的人工通风设备。厨房、卫生间要按照建筑本身所提供的竖向或水平方向的集中排气系统，应有防倒灌、串气和串味的有效措施，应安装通风管和排气扇。

厨房通风应符合燃具热负荷对厨房容积和换气次数的要求，必要时应设置机械排烟设施。高层建筑共有烟道，各层排烟不得互相影响，燃具排气筒最低高度为2m，同层排气筒高差不小于250mm。高层住宅卫生间、酒店客房卫生间应设置机械排风，多层住宅的卫生间可设自然排风竖井，有条件时宜设机械排风；高层建筑竖向设置卫生间排风系统时，宜在顶部集中设置总排风机，并在每个卫生间设排气扇。

声环境也是室内设计的要素之一，为了让空间中具有舒适的声音环境，在隔音、吸声和回声方面的控制是必不可少的。人类将传入耳朵的声音分解为强度(dB)、高度(Hz)、音色(固有的音)三种属性，声音的强度、高度、音色以“波”的状态传导，在设计时采取隔音、吸声、回响等手段进行控制。最重要的考虑是隔断室内外的噪音。一般住宅最高为35～40dB。对于室内环境来说危害最大的噪音主要可归纳为三种：一是由空气传播的声音，如说话声、音乐、电话铃声及其他一般噪音等；二是由人走过地板、关门等产生的碰撞声，水在水管中流动而产生的水流声和振动声，空调噪音等。根据噪音传播特点的不同，室内环境设计中的降噪对策也是不同的。要保证室内有良好的声环境质量，首先也必须从建筑开始，从建筑的选址、布局、与城市街道的关系、建筑本身的形式、围护结构的材料、构造做法等各方面考虑。采用软质的纤维材料阻隔噪音，使声音产生衰减，在装饰板材之间填充合适的隔音材料，使用密封性良好的门窗和隔声玻璃，增加绿化植物等，都可以为室内环境提供良好的吸声减噪效果。对声环境要求较高的卧室空间的设计更应备受关注，如图1-29所示。

此外，维持正常家庭生活所需的设备，包括给水排水系统、暖通空调系统、电气系统也是设计师在空间造型设计之前必须考虑的问题。例如，应注意管道使用的耐久性；生活污水(大小便污水)和生活废水(洗涤废水)为防止串味分成两个排水系统；安装适量的插座和开关为生活中的各种活动提供便利条件等。

随着人们生活水平的提高，对室内空间进行的装饰装修也带来多种环境问题，诸如使用含有有毒、有害物质的建材会对室内空气质量产生影响，装修过程中会产生各种粉尘、废弃物和噪音污染等，这些都会严重影响到人们的生活。装修污染主要包括空气污染、光污染、噪音污染、饮水污染、排放污染等。空气污染主要是指氡、甲醛、苯系物等有毒有害气体的污染，氡来自石材；甲醛主要来自板材及由其加工制作成的产品；苯主要来自油漆、胶、涂料等。上述物质，在室内空气中的含量超过一定标准就会危害人体健康。绿色装修就必须在材料选用上把关，选用有害气体含量低的建筑材料，使装修总体达到绿色环保标准。光污染主要是指不合理的镜面布置(包括玻璃镜面、不锈钢镜面、装饰画镜面等平滑反光强的物体)对太阳光的强烈反射以及照明布灯的明暗强烈反差，造成对人体眼睛的过度刺激。绿色装修就必须考虑避免出现上述现象，在照明布灯中按活动面上的照度准确把握一般照明、局部照明和混合照明分布，恰到好处地采用直接、半直接、间接、半间接、漫射等照明方式，确保人的视力不受损害。噪音污染主要来自厨房与卫生间设备、门窗的密闭性以及房间的回音。绿色装修建议用消音设备及吸音材料。饮水污染主要来自上水管材及储水装置，国家已明令禁止使用钢铁上水管和铁水嘴，就是为减少饮用水的二次污染。排放污染主要是指厨房油烟、生活用水、空调排水等不合理排放造成的对室内外环境污染。这些问题，在绿色装修时必须妥善解决与处理才能达到环保要求，才能使业主生活在一个“干净”的环境中。

目前，因为装修造成空气污染而致癌或死亡的人数在逐年增加，已引起全社会的重视。家庭是我们所处的时间最长的室内空间，恶劣的空间环境必然给人的身体健康带来直接的影响。购买不符合国家检测标准的装修材料是造成空气污染的直接杀手，但过多地堆砌和使用“环保材料”，也会加重空气的污染度，造成不健康的空气环境，因为绝对无毒无害的装修材料是没有的。现今所谓绿色环保的设计理念，除了材料配置上力求优质、环保之外，还要注意不搞过度装修，要利用良好的通风设施和绿色植物来改善空气质量，如图1-30所示。

合理地处理居住空间中的设备和技术问题，才能营造舒适的家庭环境。物理环境通常与房屋的美观没有太大关系，但却严重影响人在室内活动时的舒适与安全、健康与快乐。如图1-31所示，厨房中具有大量的餐厨设备，为了人的安全与健康，设计时应根据需要进行合理的规划与设计。

图1-29

图1-30

图1-31

1.3.3 构成空间的界面设计

构成空间的界面设计，主要是指围合成内部空间的底面(地面、楼面)、侧面(墙壁、隔断)和顶面(天花板、吊顶)，如图1-32～图1-34所示。地面、墙壁、天花板是建筑室内空间的基本构成要素，要使它们呈现最佳性能，需要注意的重点各不相同。而且，地面、墙壁和天花板除了要满足高强度和持久性之外，在空间内的机能面也发挥着不同的性能。例如，地面与人的接触最直接，因此触觉的舒适程度直接决定了生活的舒适度；头顶的天花板，通常无人关心它的触觉和弹性，但它可以决定室内垂直方向的范围，给人视觉的舒适感；室内大面积的墙壁，使用的造型、色彩和材质会直接影响视觉感的舒适与否，与天花相比，对触觉的要求也就更高。我们要从空间的目的和用途出发，对于各部分性能的重要程度作出判断，考量不同区域中各部分材料具备的各种性能，包括触觉、视觉、持久性、耐冲击性、耐磨损性、防火防热性、防水耐湿性、隔热性、耐污性、隔音性、防滑性等，从而进行合理的界面设计。

从居住空间设计的整体来看，我们必须把空间与界面(虚无与实体)有机地结合起来分析和对待。平面布局规划应按人体尺寸设计模板，从人体工学的角度出发考虑空间布置，从行为心理出发设计室内动线，基本确定以后，对界面实体的设计就显得尤为突出。对于界面的设计来讲，既有造型和美观要求，也有功能技术要求；既包括界面的线形和色彩设计，又包括界面的材质选用和构造问题。此外，界面设计还需要与室内的设施、设备进行协调，例如

界面与风管尺寸及出风口、回风口的位置安排，天花板设计时灯具、灯槽位置的确定，以及报警、通信、音响、烟感、监控等设施的接口等问题也需要整体考虑、控制与协调。空间界面的设计是影响空间造型和风格特点的直接因素，因此，一定要结合功能空间的特点，创造美观宜人、安全实用、经济合理的住宅室内环境。

值得注意的是，居住空间的界面处理不一定非要做“加法”，也可以采用“减法”设计。过多的设计语汇和缺少虚实处理的空间界面造型，极有可能造成形式上的杂乱无章和视觉上的拥堵。作为居住空间来讲，大幅面、开阔的采光，通透宽敞的空间，形不碎、色不杂、光不乱和用不旧的优雅居室，总是令人舒适的。如图1-35所示，自然光在弧形底面上形成有形的图案，一把铁艺座椅完成了一个冥想的空间。

图1-32

图1-33

图1-34

图1-35

01

1.3.4　住宅家具配置与陈设设计

住宅的陈设艺术主要包括家具、装饰艺术品、植物以及织物等，其设计方式主要有自行设计和选购成品两种，如图1-36～1-38所示。

图1-33：墙面色彩、形成与空间整体风格的高度统一。

图1-36

图1-37

图1-38

居住空间关注的核心问题是家庭中的人，而人的生活离不开家具。家具在建筑与人之间起着十分重要的衔接作用，无论是会客、饮食，还是休憩、睡眠，都因家具而成为可能，家具是表达个性和品位的重要载体，也直接影响着使用者的舒适程度及生活质量。需要注意，与地面、墙壁、天花板不同的是家具具有“可动性”，主人可以根据使用目的及方式的不同，变换家具的摆设，因为家具具有组织空间、分隔空间和丰富空间的作用，因此需要周到地考虑家具的摆放位置。选择家具时，我们不但要考虑家具的式样和便利性，同时也要注意家具与空间的比例关系，忽视了空间平衡、选择超大号的家具，即使家具自身再美观、功能性再强，也不能产生让人舒适的室内装饰效果。作为设计师，在家具陈设配置时应注意：符合房间的使用目的，使用目的不同，家具选择及摆放方式也不同；重点要考虑人在空间中的

活动及活动路线；重视房间的平衡，除考虑家具的宽度和进深外，还应考虑空间的高度；检查视线，如映入眼帘的景观和杂乱的厨房；同时考虑照明设计。作为设计师必须了解家具发展的历史背景及其表现风格，这有助于正确处理家具与空间之间的关系。

陈设，是室内空间的深化和发展，也是室内软环境的再构建。陈设包括功能性陈设(如陈设类的灯具，吊灯、吸顶灯、台灯、落地灯等；织物类，如地毯、窗帘、帷幔、床罩、壁挂等；生活用品、文体用品等)以及装饰性陈设(如艺术品，书画、雕塑等；工艺品，雕刻、陶瓷、器皿、布艺等；纪念品；收藏品和观赏类的动、植物等)。但室内陈设并不能孤立存在，它是基于整体的空间效果而存在的。陈设在住宅空间中可以起到表达空间主题和个性、营造空间氛围、丰富空间层次、柔化空间和提高生活情趣的作用。因此，设计师应针对空间的风格和主题，考虑形体、色彩和材质与空间尺度、观赏效果相协调，使其空间层次更加丰富生动，空间风格更加彰显品位和易于理解，如图1-39～图1-46所示。

图1-39

图1-40

图1-41

图1-42

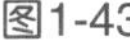

图1-43

图1-44

图1-39：现代装饰设计中常以金、银两种无彩色突出空间高贵气质。

图1-40：花纹雕刻的壁炉造型极具装饰效果，突显古典主义装饰效果、气质。

图1-41：新古典主义风格的灯饰——叶片造型。

图1-42：精致的玻璃工艺品。

图1-43：根据儿童房的特点配置的灯具、帷幔、床品等陈设。

图1-44：卫生间浴巾上的细节处理。

图1-45

图1-46

1.3.5 相应的室外环境设计

与住宅相对应的室外环境设计主要涉及一些住宅区、豪宅、别墅以及有私家花园的住宅外部空间。虽然许多景观现在都是由专业的景观设计师来完成的，但有时候也归纳到住宅空间设计的范畴。因此应合理地协调室内外空间环境，在了解美观法则和景观设计原理的基础上，从控制室内外视线、创造美感、丰富功能空间、制造景观季相变化的角度，营造室内与室外的视觉平衡。别墅的私家花园如图1-47所示；别墅建筑的外部环境如图1-48所示。

图1-47

图1-48

1.4 居住空间的设计原理

在空间设计之初，我们需要从生活的行为、空间的功能等方面详细地分析空间性质，研

图1-45：陈设品要根据空间性质、比例和尺度进行设计和选择。

图1-46：家具、陈设必须与气候、地域、风格相一致。

究空间与人的相互关系。

1.4.1 生活行为学

“生活行为”是进行室内设计的出发点。住宅空间的设计是建立在人与住宅空间相互作用、居住者的日常生活行为、人和物品相互作用的基础上的。如果不假思索地模仿他人的房屋设计，或按家居杂志、样板间的设计“照搬”，那么这仅仅意味着你装修了房屋，而根本没考虑居住者在空间中会发生怎样的生活行为，这样的房屋尽管样式漂亮，最终落在使用上一定会不尽如人意，甚至让人沮丧之处。就住宅空间而言，通过对人们生活行为的分析，总结出居住空间内生活行为分类，如图1-49所示。设计者需要从上述生活行为出发，首先考虑一般人普遍性的生活行为特征，以及完成这些行为过程需要哪些道具(设备、空间)，然后确定不得不准备的物品与空间的标准；生活行为包括进餐、睡眠、如厕等基本行为；烹饪、整理、洗衣熨烫、修补等工作行为和待客、团聚、娱乐、教育等综合行为，也涵盖了生理要求与精神需求两个层面。空间中的生活是动态的，因此考虑室内设计时，除了静态的视觉空间形象设计之外，应该更多地考虑时间变化过程中的生活场景细节，并由此找到完成所需物品、空间处理的方法和空间布置的方式。其次，研究人们所具有的个性，有针对性地设计与其对应的空间。因此，优秀的住宅空间设计应充分联系生活的实际与相应的空间关系，并将两者有机地联系起来。也就是说，这既是设计住宅空间，更是设计生活方式。

现代社会中人们的生活需求是多种多样的，设计师要从分析生活行为开始入手，认真对待生活中的每一个细节，如果做到了这一点，即使在固定了平面形状的单元户型中，也可以创造出个性化的生活。室内设计师根据生活行为学，可以对原平面进行再创作。

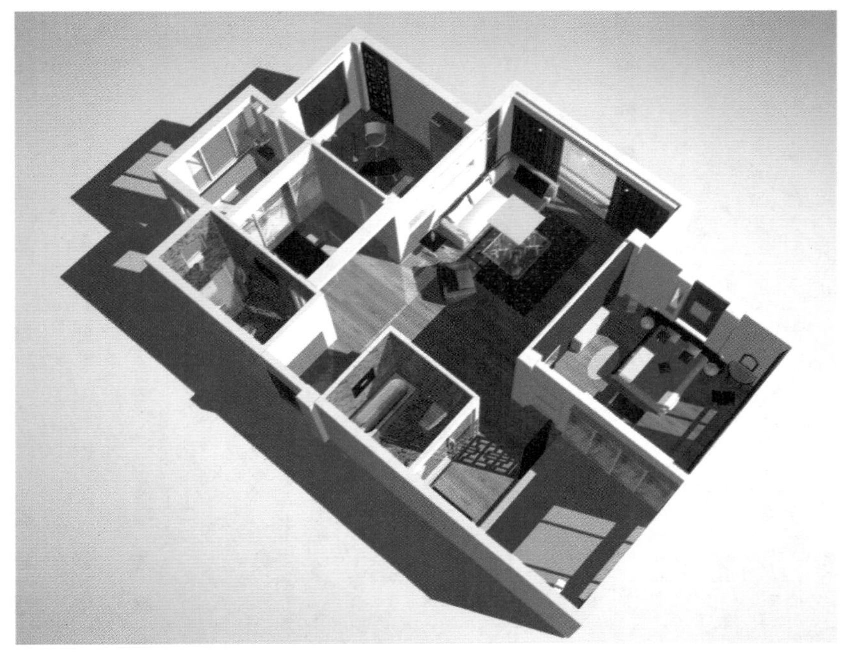

图1-49

1.4.2 基本空间

如果从功能层面分析住宅空间，可将各种特定用途的空间排列组合起来，这就是住宅平面布置与交通流线的处理。住宅在空间设计上应体现以起居室为全家活动中心的原则，合理安排起居室的位置。各功能空间应有良好的空间尺度和视觉效果，功能明确，各得其所。为保证居住的安全与舒适，各行为空间应有合理的空间关系，实现公私分离、食宿分离、动静分离，各空间之间交通顺畅，并尽量减少相互穿行的干扰。合理组织各功能区的关系，合理安排设备、设施和家具，并保证稳定的布置格局；同时要有足够的贮藏空间；应设置室内外过渡空间，用以换衣、换鞋、放置雨具等。表1-1所示为居住空间内生活行为分类表。

表 1-1　居住空间内生活行为分类表

居住空间 / 行为的种类		室内空间类型												
		卫浴间	厨房	储藏空间	门厅	走廊	整体浴室	卧室	书房	餐厅	起居室	起居室、餐厅	阳台	庭院
大分类	小分类													
就寝	就寝							●						
	休息							●			●	●		
清洗更衣化妆	淋浴	●					●							
	洗面	●					●							
	化妆	●						●						
	更衣	●						●						
	修饰	●						●						
家务	育儿	●						●			●	●		
	扫除	●	●	●	●	●	●	●	●	●	●	●	●	●
	洗涤、熨烫	●											●	●
	裁缝							●		●	●	●		
	收拾、整理			●	●								●	●
	管理						●	●						
	烹调		●										●	●
饮食	就餐									●		●	●	●
	喝茶、饮酒							●		●	●	●	●	●
社交	谈话									●	●	●	●	●
	会客									●	●	●		
	游戏									●	●	●	●	●
	鉴赏									●	●	●		

续表

行为的种类＼居住空间		室内空间类型												
大分类	小分类	卫浴间	厨房	储藏空间	门厅	走廊	整体浴室	卧室	书房	餐厅	起居室	起居室、餐厅	阳台	庭院
娱乐消遣	游戏										●	●		●
	鉴赏								●	●	●	●		
	手工创作								●					
	读书报								●	●	●	●		
	园艺、饲养									●	●	●	●	●
移动	搬运					●							●	●
	通行					●							●	●
	出入				●								●	●

住宅的功能空间包括起居室、卧室、餐厅、厨房和卫浴间等基本空间。在设计时可根据整套住宅面积的大小细分为门厅、走廊、子女室、更衣间、贮藏间等。它们之间是相互联系及相互支持的有机体。在设计上首先决定各个空间的位置、面积、方向等基本因素。例如，起居室、主卧室、餐厅等空间要设置在方向、位置都比较好的部位，同时需把握交通流线的因素，做到动静分区合理，以使各个空间的关系顺畅有序，如图1-50所示。

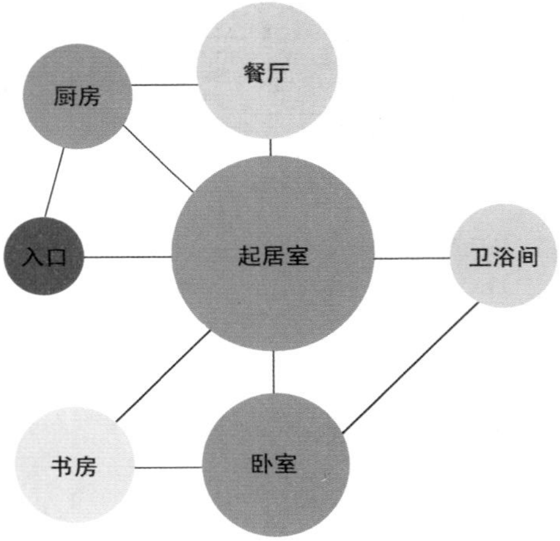

图1-50

1.4.3　公共空间

家庭公共的活动场所称为群体生活区域，是供家人共享以及亲友团聚的日常活动空间。其功能不仅可以适当调剂身心，陶冶情操，而且可以沟通情感，增进幸福；既是全家生活聚集的中心，又是家庭与外界交际的场所，象征着合作和友善。家庭活动主要内容即谈聚、视听、阅读、用餐、户外活动、娱乐及儿童游戏等。其活动规律和状态因家庭结构和家庭特点以及年龄段不同而各不相同。设计上可依据需求的不同而定义出门厅、起居室、餐厅、游戏室或视听空间等家庭公共空间。如图1-51所示，起居室是整个住宅空间中的核心，因此面积最大，最为开放；图1-52所示为享受美食的餐厅；图1-53所示为个性和高品质的休闲空间；图1-54所示为满足主人特定需求而设立的游戏室；图1-55所示为保证高度私密性和安全性的卧室。

图1-51

图1-52

图1-53

图1-54

1.4.4 私密空间

私密空间是家庭成员进行各自私密行为的空间。它能充分满足人的个性需求，其中有成人享受私密权利的禁地，子女健康而不被干扰的成长摇篮，以及老年人安全适宜的幸福空间。设置私密空间是家庭和谐的主要基础之一，其作用是使家庭成员之间能在亲密之外保持适度的距离，从而维护各自必要的自由和尊严，消除精神负担和心理压力，获得自我表现和自由抒发的乐趣和满足，避免干扰，促进家庭的和谐。私密空间主要包括卧室、书房和卫浴间等。住宅中的私密度是按照门厅、公共空间以及厨房、专属空间(如书房、工作室)、卧室的顺序依次变化的。卧室和卫浴间是提供个人休息、睡眠、梳妆、更衣、淋浴等活动的私密空间，其特点是针对多数人的共同需要，按个体生理与心理的差异，根据个体的爱好和品位而设计，如图1-55所示；书房和工作间是个人工作、思考

图1-55

等独自行动的空间。书房的布局和陈设体现了主人的个性和品位，如图1-56所示。强调性别、年龄、性格、喜好等个性因素。针对个性化而设计是这类空间的特点，目的是要创造出具有休闲性、安全性、独创性的，令家人自我平衡、自我调整、自我袒露的空间区域。如图1-57所示，在这样的私人领域中，陈设和收藏是自我的体现与展示。

图1-56

图1-57

1.4.5　家务空间

为了适应人们的生活要求，需要设计一系列设施完备的空间系统来满足家务操作行为的空间，从而解决清洗、烹饪、养殖等问题。家务活动的工作场地和设施的合理设置，将给人们节省大量的时间和精力，从而使人们充分享受其他方面的有益活动，使家庭生活更加舒适、优美而且方便。家务活动主要以准备膳食、洗涤餐具、衣物、清洁环境等为内容，它所需的设备包括厨房操作台、洗碗机、吸尘器、洗衣机以及储存设备，如冰箱、冷柜、衣橱、碗柜等，如图1-58所示。

图1-58

家务操作行为中有一部分属于家庭服务行为，为一系列家务活动提供必要的空间，以使这些行为不致影响住宅中的其他使用功能。同时，设计合理的家务操作空间有利于提高工作效率，使有关膳食调理、衣物洗熨、维护清洁等复杂事务，都会在省时、省力的原则下顺利完成。而家务操作区的设计应当首先对相关行为顺序进行科学的分析，给予相应的位置，然后根据设备尺寸及操作者(或人体工程学)的要求，设计出合理的尺度。在条件允许的前提下，应尽量使用现代科技产品，使家务操作行为成为一个舒适方便、富有美感的操作过程，如图1-59所示。

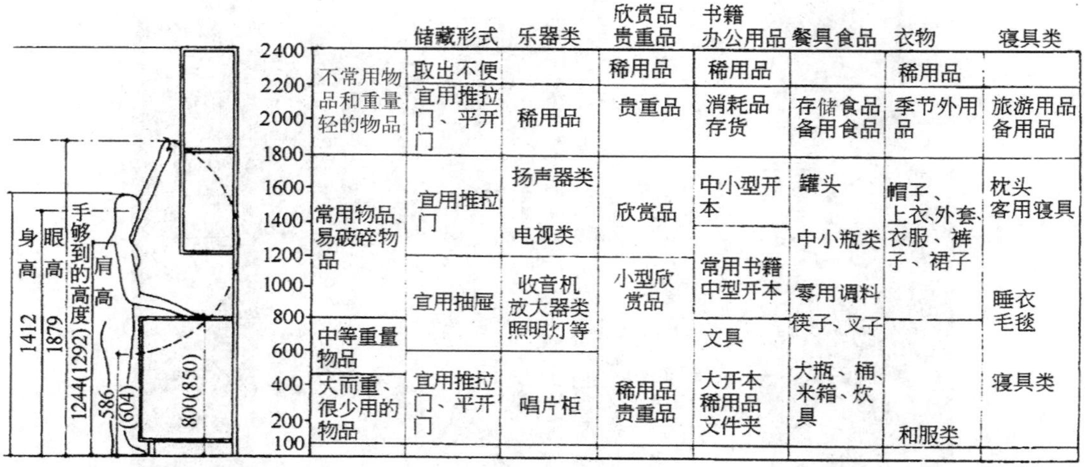

高度		储藏形式	乐器类	欣赏品 贵重品	书籍 办公用品	餐具食品	衣物	寝具类
2400–2200	不常用物品和重量轻的物品	取出不便		稀用品	稀用品		稀用品	
2200–1800		宜用推拉门、平开门	稀用品	贵重品	消耗品 存货	存储食品 备用食品	季节外用品	旅游用品 备用品
1800–1100	常用物品、易破碎物品	宜用推拉门	扬声器类 电视类	欣赏品	中小型开本	罐头 中小瓶类	帽子、上衣、外套、衣服、裤子、裙子	枕头 客用寝具
1100–800		宜用抽屉	收音机 放大器类 照明灯等	小型欣赏品	常用书籍 中型开本	零用调料 筷子、叉子		睡衣 毛毯
800–500	中等重量物品				文具			
500–100	大而重、很少用的物品	宜用推拉门、平开门	唱片柜	稀用品 贵重品	大开本 稀用品 文件夹	大瓶、桶、米箱、炊具	和服类	寝具类

身高 1412
眼高 1879
手够到的高度 1244(1292)
肩高 586 (604)
800(850)

图1-59

1.4.6　空间形态及艺术处理手段

在满足居住生活行为、空间功能的基础上，合理的空间形态和艺术处理手段，也是影响居住空间形象至关重要的因素之一。

1．功能与审美形式

尽管住宅设计和装修日益多样化、高档化和个性化，人们越来越注重住宅的设计形式及其品位，然而，功能依然决定着形式。如今，住宅的功能早已由单一的就寝和吃饭发展成多样化。随着生活内容的变化，其功能越发完善，还包含了休闲、工作、清洁、烹饪、储藏、会客和展示等多种功能为一体的综合性空间系统。住宅内部各种功能的设施越来越多，这些必备的设施，影响到了空间的形态和尺寸。现代化的卫浴设备和厨房设备功能已相当完善。同时，近年推出的《住宅整体厨房》与《住宅整体卫浴间》行业标准，使住宅的使用功能更趋科学化。因此，这些功能上的要求又制约着造型形式，而一切形式都要顺应功能的发展。

2．动静分区明确，主次分明

动与静的区分是要采取物理手段和必要的分隔措施加以解决的。然而，动与静区域的合理分布显得更加重要，经过推敲的平面交通流线图，可以有效地避免混杂斜穿，以保证动与静的分离。卧室的门直接朝向客厅，会令主与客均感不适；卫浴间的门直接朝向客厅，也会

使人感到尴尬。所以，应在原平面图的基础上进行适当的调整，既顺畅又科学地完善平面布局。设计者可根据跃层的特点及业主的要求，拆除不必要的空间隔墙，使调整后的住宅平面功能及流线趋于合理，如图1-60和图1-61所示。

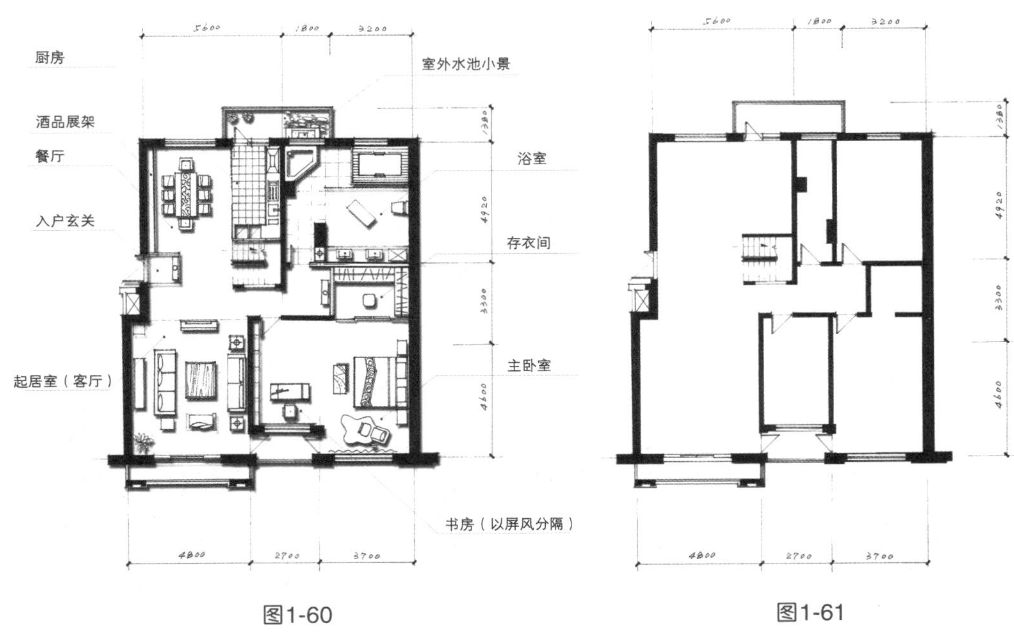

图1-60　　图1-61

主次分明的设计概念要体现在一个完整的设计过程之中。空间无论大小，层次无论是丰富还是简单，都有一个核心部分，即一个家庭的中心——起居室。它既起着凝聚家庭的作用，又负担着联系外界的功能，空间常常是开放的，平面与立面着重体现主人的物质层次和精神层次及其审美观，因而起着统领全局的作用，对其理应加以浓墨重彩的设计。其他空间也应与其保持设计风格的统一，如图1-62～图1-65所示。

图1-62

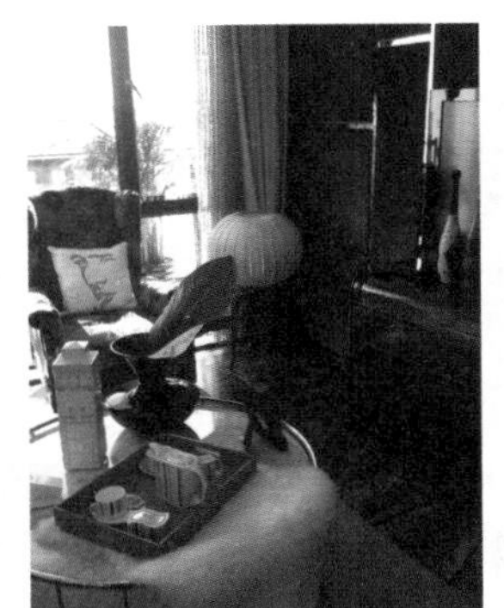

图1-63

图1-64

图1-65

图1-62：客厅选用条形布艺沙发及波普风格的抱枕，使空间充满了时尚感和趣味性。

图1-63：不同元素的混搭强调了个性化和空间的时尚性。

图1-64：餐厅的座椅和吧台材料也在展现空间的故事性、品位性和趣味性。

01

3．通风问题

住宅建筑的通风问题一般在建筑设计中都会有所考虑，这些因素包括建筑的门窗位置所带来的空气流通，应尽量采用自然通风。在缺少自然通风的空间中，应设置排风口以保证空气流通，如图1-66所示。在室内设计中要充分注意到这一因素的重要性，不盲目改变建筑的门窗位置方向，以保证良好的通风环境。住宅类建筑一般不宜采用专门的人工通风设备。厨房和卫生间要按照建筑本身所提供的竖向或水平方向的集中排气系统，应有防倒灌、串气和串味的有效措施，应安装通风管和排气扇。

图1-66

4．采光照明

室内的采光方式有自然光和人造光两类。住宅建筑在白天一般以自然采光为主，自然光具有明朗、健康、舒适和节能的特点。舒适温暖的自然光不仅明亮节能，还可以抑制细菌滋生，有益健康，如图1-67所示。但自然采光会受房间方向、位置和时间的影响，而在室内，也难以做到所有的空间都得到良好的自然光照，特别是在一些室内窗口小或没窗户的房间以及在天黑的情况下。人工照明具有光照稳定，不受房间方向、位置的影响等特点，而且可起到渲染空间氛围、突出重点的作用，如图1-68所示。在设计中可根据每个空间的需要灵活设置灯具。

住宅室内的灯具照明可分为整体照明和局部照明，整体照明的特点是使用悬挂在棚面上的固定灯具进行照明，这种照明方式会形成一个良好的水平面，在工作面上形成的光线照度均匀一致，照度面广，适合于起居室、餐厅等空间的普遍照明。局部照明具有照明集中，局部空间照度高，对大空间不形成光干扰，节电节能的特点。这种照明方式适合于卧室的床头、书房的台灯、卫浴间的镜前灯等，如图1-69～图1-71所示。

图1-67

图1-68

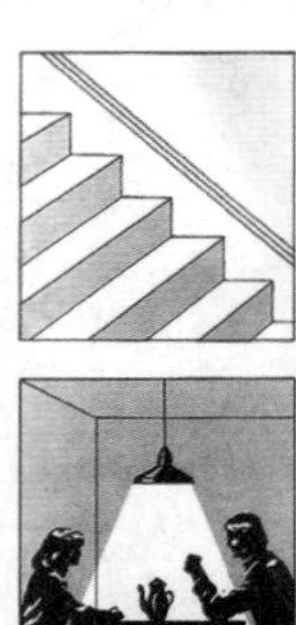

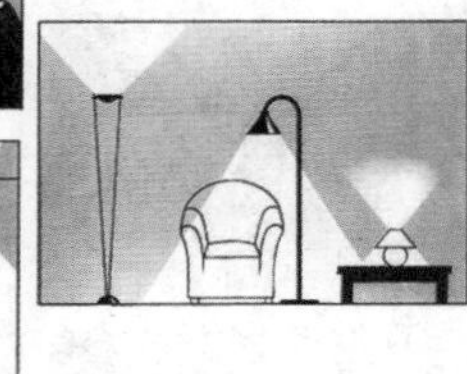
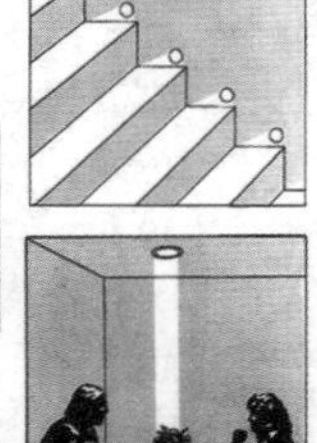

图1-69

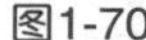

图1-70

图1-71

5. 色彩的处理与装饰材料的选择

选用合适的色彩和装饰材料是室内设计中的重要因素。色彩有着柔软、坚硬、轻快、温暖等不同的视觉感受，也是给予人在空间中最为直接的视觉感受，因此将这些视觉感受灵活地运用到室内设计中是极为重要的。色彩感觉会受到心理因素的影响，历史、社会背景也会对色彩感受起到很大作用，不同自然条件、不同历史背景的国家，对相同颜色的视觉感受也不相同。室内地面、墙面、天棚的色彩一般是不同的。在色调的选择上要有整体的考虑，要搭配合理，如选择暖色还是冷色，是明度高还是明度低，是对比色还是协调色等，都会使室内装饰有不同的效果，如图1-72和图1-73所示。

色彩有明度上的区别，每一种颜色自身的深浅都会产生明暗感，如绿色从深绿到浅绿，明度的变化是明显的。不同色相上的颜色在明度上也是有区别的，各种颜色从明到暗的排列是柠檬黄、浅黄、中黄、橙黄、橘红、朱红、大红、洋红、玫瑰红、草绿、橄榄绿、深绿、紫、普蓝。在进行室内设计时，也要考虑色彩的选择。适合的色彩会给生活带来新意，如

图1-69：几种常用的人工照明方式。

图1-74和图1-75所示。

图1-72

图1-73

图1-74

图1-75

色彩还有冷暖的区别，不同的色彩会使我们产生不同的感觉和联想。例如，红、橙、黄等颜色往往使人联想到太阳、火焰等，从而使人感到温暖、热烈；而蓝色又往往使人联想到海水、冰川、寒夜等，使人感到寒冷。其实，颜色本色并不具备制冷或散热的功能，这些都是人们的感觉，它来源于人们的生活经验和体验。所以，色彩上的冷暖关系是在颜色之间的比较而言的。色彩之间冷暖关系的运用，有助于我们处理空间的某些关系。例如，暖色给人感觉前进，而冷色给人感觉深远。另外，纯颜色感觉明朗、刺激；而灰色就显得安静、柔和。重颜色显得沉重；而淡颜色则显得轻快。一般来说，纯度高的颜色感觉近，浅灰的颜色感觉远。有的人在空间设计时偏重于黑白色，这种设计会给人以通透、轻盈之感，如图1-76所示；有的人注重高纯度色彩，因为便于识别，有亲近感，如图1-77所示。

图1-72：暖色调空间高雅、华贵。

图1-73：冷色调空间冷峻、理性(设计：梁志天)。

01

图1-76

图1-77

在住宅的色彩设计上要根据色彩的个性，具体问题具体分析。选择色彩的基本原则是首先要充分考虑功能上的需求，还要注意色彩搭配协调，同时要注意色彩受装饰材料质感和表面肌理所带来的影响。例如，光滑的表面色彩比较亮，反光比较强；粗糙的表面色彩比较暗，反光比较弱，吸光性较强。如图1-78所示，大面积利用反光材料，使空间充满时尚感。如图1-79所示，厚重的色彩和软质材料使空间沉稳大气。

图1-78

图1-79

住宅室内设计在选择装饰材料上除了要考虑到装饰材料的色彩和质感等表面的装饰效果外，还要考虑到装饰材料有害物质的污染问题。对于室内装饰材料有害物质的污染问题，国家质量监督检验检疫总局颁发了自2002年7月1日起施行的《室内装饰材料有害物质下限量十个国家强制性标准》。其中包括对溶剂型木器涂料中有害物质的限量；内墙涂料中有害物质的限量；胶黏剂中有害物质的限量；人造板及其制品中甲醛释放的限量；木家具中有害物质的限量；聚氯乙烯卷材地板中有害物质的限量；混凝土外加剂中释放氨的限量；装饰壁纸中有害物质的限量等。另外，装饰材料的防潮、防火问题也是在室内设计中要考虑的问题。

6. 家具问题

家具是人们生活的必需品，人们在住宅中的大部分生活行为都离不开家具。家具设计也是住宅室内环境重要的组成部分。家具在室内设计中同时具有组织空间、利用空间和创造空间风格的作用，如图1-80所示。

图1-80

决定家具设计的元素主要是风格和尺寸。家具是服务于人的，因此家具设计的尺度、形式都要按照人体尺度和人的活动规律来考虑。对于大型的家具来说，还需要搬入室内的主要路径和放置的位置。人与家具、家具与家具，如桌椅之间的关系要协调，并应以人的尺度为准则来衡量这种关系，以此为根据决定相关的家具尺寸。家具设计的基本原则应当是使用舒适且造型美观，符合室内设计的总体风格。如图1-81所示，圆弧形的沙发在高度上进行了严格的控制，使空间开阔又不拥堵。如图1-82所示，家具对于空间风格的定位起到了决定性的作用。

图1-81

图1-82

7．室内装饰与绿化

装饰设计是室内设计的重要组成部分。住宅室内设计中如果没有装饰与绿化会使人感到单调和乏味，缺少情趣和生机。因此在住宅的空间中布置适量的装饰与绿化是创造空间风格的重要手段。如图1-83所示，绿化的作用不仅在于点缀，更起到了调节气氛和净化空间的作用。但是我们也反对过于烦琐的室内装饰，因为住宅主要是人们生活休息的地方，过于烦琐的室内装饰会使人感到疲劳。

图1-83

住宅的装饰主要包括房间各个建筑构件(其中包括屋顶、墙面、地面和门窗)的装饰和陈设物的装饰。根据设计风格、空间功能性进行调整的建筑结构与装饰构件，如图1-84所示。房间界面的装饰主要是运用表面装饰材料进行包装，如装饰面板、装饰涂料、壁纸、石材、线角和装饰压条等(见图1-85～图1-87)，而陈设物的装饰要根据室内的整体风格而定。装饰陈设物的种类非常丰富，其中包括挂画、雕塑、工艺美术品、古董、装饰织物等。陈设物的选用应本着宁缺毋滥的原则，精心选定，合理搭配，如图1-88～图1-91所示。

图1-84

图1-85

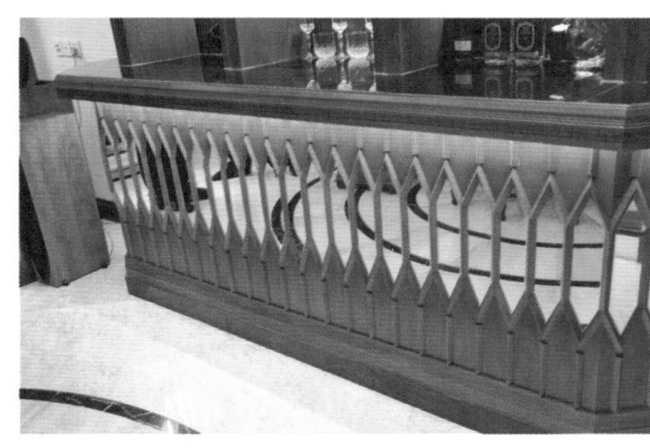

图1-86

图1-87

图1-88

图1-89

01

图1-85：乳胶漆或壁纸是墙面装饰最为常见的材料。

图1-86：线角、收口的细节处理决定了装修工程的品质。

图1-87：波浪板减弱了空间的狭窄感觉，也增添了一份空间的精致。

图1-88：陈设品不但美化居室，也为空间增添了一份舒适、温暖的生活气息。

图1-90

图1-91

绿化植物经过光合作用可以吸收二氧化碳，释放氧气，起到净化空气的作用。绿化植物还可以通过叶子吸热和水分蒸发来降低气温，在寒暑季节调节室内温度，如图1-92所示。

绿化植物也能用来组织空间、分割空间，因为它是自然形态，所以还可以起到柔化空间形态、增添空间生机的装饰作用，其独特的装饰效果是其他装饰物与陈设品所无法取代的。绿化植物在摆放和布置上有多种形式，既可作为住宅的重点装饰，又可作为背景和边角的点缀，如图1-93所示，无论是自然植物还是仿真植物，基本都可以起到柔化空间形态、增添空间生机的装饰作用。

图1-92

图1-93

图1-90：陈设物的装饰要依据室内的整体风格而定。

图1-91：提升空间的品质与品位，陈设在精而不在多。

图1-92：绿化、陶罐与藤椅的组合，为转角的小空间带来生机。

本章小结

本章对居住空间的基本概念、原理、设计内容和设计原则进行了较为细致的阐述，有助于学生对居住空间设计的认识。在原理和方法的叙述过程中，插入了具体的设计分析和要求，目的是培养学生正确的设计意识，坚持“以人为本”的设计原则，保证设计的正确方向。

思考与练习

1．居住空间设计应遵循哪些原则？

2．居住空间设计涉及哪些具体的内容？请列表进行分类。

3．根据图1-4所示的平面图，重新进行空间划分，重点思考其动静分区和空间动线的问题。

4．进行一次家居市场调研，将你认为优秀的设计产品或设计细节拍照并进行文字分析。

第 2 章

居住空间设计程序与方法

学习目标

掌握居住空间设计正确的思考方法和工作程序，对居住空间设计过程中的各个环节有整体和较为系统的认识，能够按照正确的设计程序进行居住空间的设计表达。

学习重点

居住空间设计的各环节之间的逻辑关系、程序和项目设计实施方法。

作为设计，它与艺术创作有所不同，它所解决的是真实生活中遇到的各种问题，它的宗旨是为人民服务，它的性质是完善生活方式。居住空间设计对象是围绕居住建筑的内外部空间环境，所涵盖的学科和技术层面较为广泛，比如翻修一类的工作就包含了柱子、横梁、隔墙的移动、加固和拆卸等，所以设计师最好具备一定的房屋结构知识；厨房、浴室的设计需要防火、防水、除垢、换气功能及相关设备知识的储备；住宅设计及实施过程中，需要与业主形成设计上的共识，因此需要具备良好的咨询、演讲、沟通和说服力；此外，照明、园艺方面的知识也是不可或缺的。因此在进行设计时就必须由浅入深、循序渐进，每个阶段解决不同的问题，但设计的每一个阶段都是环环相扣、相互依存的，因此，在设计的前期，必须合理分配时间进程，对阶段性解决的每个环节进行深入调查和研究，拿出合理的方案，才能完成设计。

2.1 居住空间设计的思考方法

住宅室内设计工作，首先是正确的设计思考方法，即在进行居住设计时应该如何进行思考，其次是设计工作中的一些具体工作方法。

认知心理学揭示了人类大量的对立思维方式——从机械严谨的逻辑推理过程到发散神秘的创造性思维过程，以及中间状态的大量的复合思维方式。设计思维具有以下几个重要特征。

(1) 记忆能力直觉思维。在设计思维过程中，数据与实例的记忆是思维中极重要的一部分，即使它不是最核心的部分，但在构思未来的全新内容时，实际上也在不断地调用自身的相关记忆——有自身经历，也有先前获取的知识，如图2-1和图2-2所示。

(2) 逻辑推理。逻辑(抽象)思维又称为理性思维，可以经过一系列理性判断引领思维过程走向预设的目标。这便衍生出设计中重要的思维方法“问题—解答”型思维。“推理”模式的思维过程明显需要更关注外在条件的影响，主要是思考科学技术的一种线形空间模型的思路推导过程。

(3) 创造性思维。创造性思维也叫作“感性”思维，主要是通过“想象”形成一种发散的、充满个人色彩的、无单一确定目标的形象过程。“想象”模式的思维过程则更多地依赖于自身的内心活动，这是人类发展的最重要特征，也是设计中最鲜活的推动力，如图2-3和图2-4所示。

图2-1

图2-2

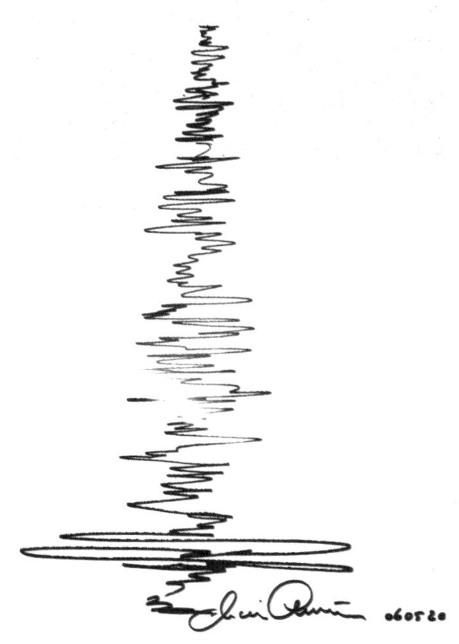

图2-3

图2-4

对于设计思考，我们通常以图形推导的方式为助手，将线性逻辑思维(科学)和树形形象思维(艺术)相联系，使理性思维与感性思维并用，彼此互补，从而解决设计中遇到的各种问题。可以毫不夸张地说，将理性思维与丰富的想象力相结合，是设计师最重要的能力之一。设计师可以通过观察并记录生活中的细节来寻求灵感，激发全身感官，发掘头脑潜能，以图形为

图2-1：根据儿时记忆的跷跷板设计的装置艺术。

图2-2：露营的经历(威尼斯双年展——印度尼西亚)。

图2-3：随手画的草图也可以激发自己的灵感。

图2-4：灵感来源——参悟大师作品(扎哈哈迪得的模型)。

助手，使思维系统化和专业化。艺术源于生活，创作灵感也是如此，如图2-5和图2-6所示。

图2-5

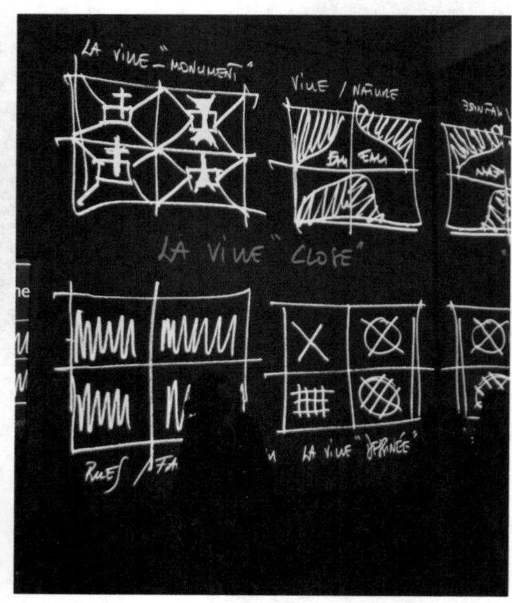

图2-6

一般来说，居住空间设计的思考方法主要有以下几点。

1. 大处着眼、细处着手，总体与局部深入推敲

大处着眼指的是在设计思考中应该先有设计的全局观念。这样，在设计时思考问题和着手设计的起点就高，不易陷入琐碎零散的境地。细处着手是指具体进行设计时，必须根据住宅室内的使用功能，深入调查、收集信息，掌握必要的资料和数据，从最基本的人体尺度、人流动线、活动范围和特点、家具与设备等方面反复推敲，使局部融于整体，达到整体和局部的完美统一，如图2-7所示。

2. 从内到外、从外到内，局部与整体协调统一

居住内部环境的整体性质、风格应该一致，并需要与室外环境协调统一， 它们之间有着相互依存的密切关系，设计时需要从内到外、从外到内多次反复协调，使其更趋于完善、合理，如图2-8和图2-9所示。

3. 意在笔先或笔意同步， 立意与表达并重

“意”是指立意、构思、创意，“笔”是指表达。一项设计，缺乏立意与构思就等于没有“灵魂”，设计的难度也往往在于一个好的构思，但产生一个独特成熟的构思往往需要足够的信息和充足的时间，需要设计者反复思考和酝酿。因此，可以边动笔边构思，即所谓笔

图2-5：灵感来源——观察生活中的细节。

图2-6：灵感来源——逻辑推导。

意同步，在设计前期和作出方案过程中使立意、构思逐步明确和完善。

对于居住空间设计来说，设计方案的推进方法并没有绝对的理论依据，大致可按从构建空间整体逐渐细化到局部，以及从某一重要细节开始向整体构建推移两种设计思维方式进行。如果能够清楚地看到空间使用者的生活行为细节，选择后一种方法更为有效。在推进设计方案时，设计师应该抛开思维上的定式，接受对方的一切要求，时刻意识到“位点专一”的空间概念。由于生活行为的不同，我们可以有针对性地进行空间分割，再以连续性的生活行为去验证空间规划的合理性，然后重新整理，使其成为使用方便、宜居的空间环境。

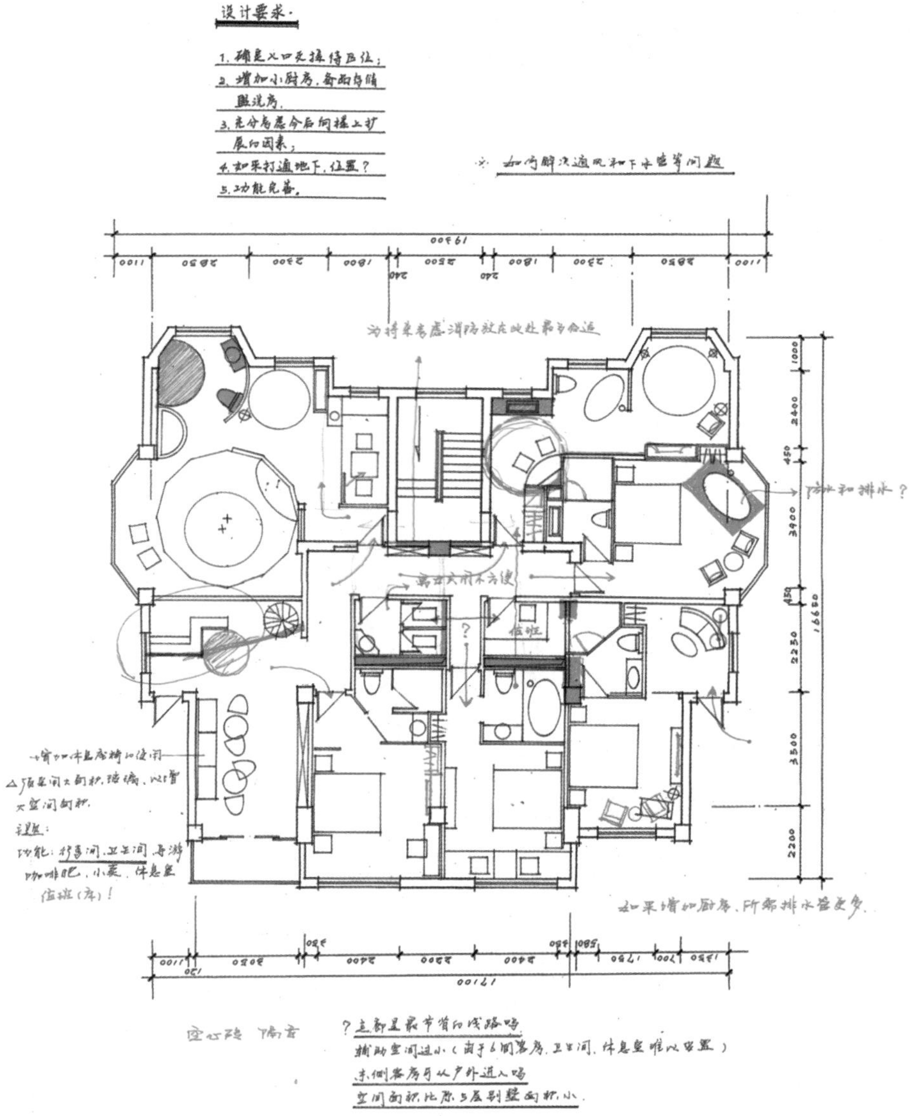

图2-7

图2-7：对设计完的初稿需进一步地分析，反复推敲。

图2-8

图2-9

此外，正确完整、有表现力地传达出设计构思，使业主或评价人员能够全面地了解设计意图，是至关重要的。因此，收集建材、色彩、家具、陈设的最新信息，以图纸、模型、文字说明、多媒体演示等必要的表达手段准确地传达设计师的思想，是与业主建立良好沟通的前提。在设计表达中，图纸质量的完整、精确、优美是第一关，因为在设计中，形象是很重要的一个方面，而图纸表达则是设计者的语言，优秀设计的内涵和表达应该是统一的，如图2-10～图2-12所示。

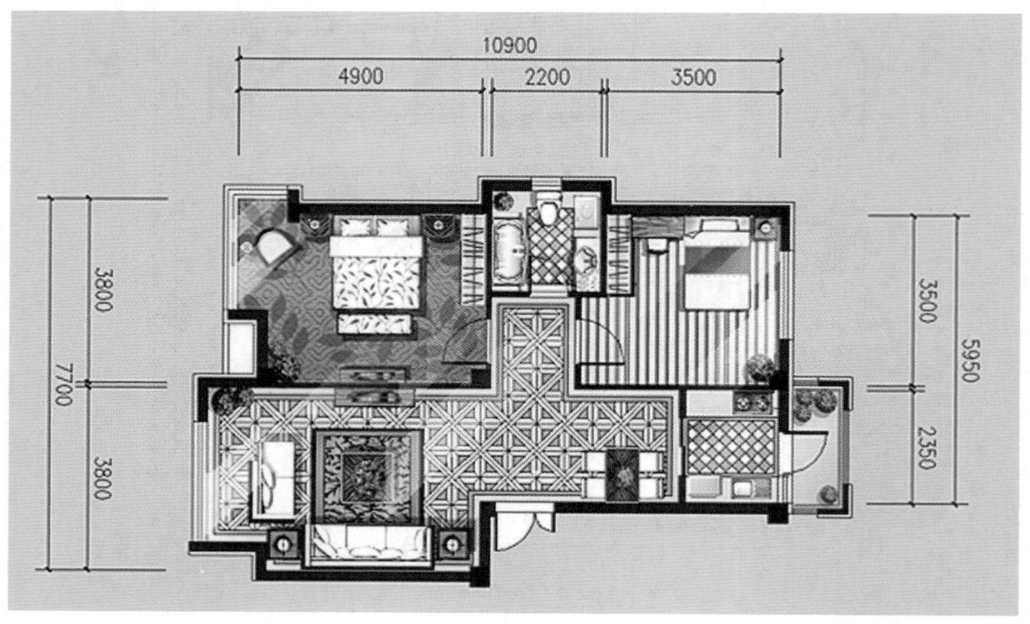

图2-10

图2-8：根据市场商业卖点定位的室外空间环境。

图2-9：内部空间是住宅建筑设计的延续、深化和再创造。

图2-11

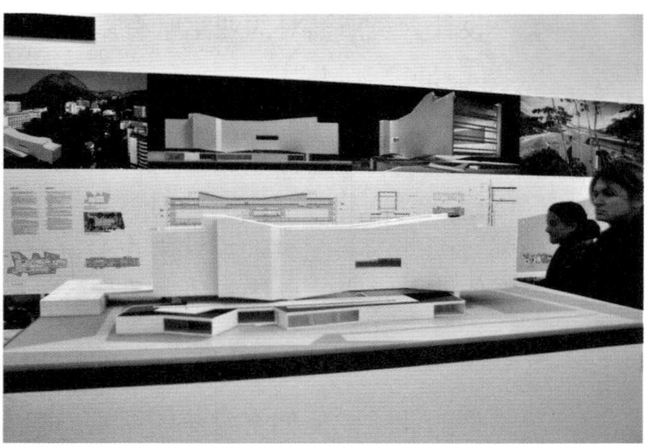

图2-12

2.2 居住空间设计的工作方法

由于设计任务和设计工作的复杂和多面，居住空间设计的具体工作方法，尚难以系统地、有条理地逐一列出，但以下几点在设计具体工作中应予以重视。

2.2.1 调查与信息采集

设计师在设计之初，必须明确设计方案的基本信息——时间、地点、对象、目的、预算、预期效果等。决定上述内容的都是委托人(也称业主、甲方)，这是设计的前提条件。设计师根据委托人列出的条件开始讨论、调整，确定基本计划方案，并作出相应的框架图纸。在进行足够的调查研究、掌握足够的信息资料后，才能明确所委托设计的范畴、明确甲方要什么，才能确立准确的设计方向，以求设计符合业主的需求，才能着手具体设计。

设计师在住宅设计之初，必须先深入了解业主的相关情况，这是给定条件，是确定装修方案及备用选择细节中最重要的环节，其中包括家庭构成等人员要素，诸如业主的身份、年龄、气质、民族、文化背景；经济状况；家庭成员；好恶；对空间规划的想法或要求以及装修预计支出；法律限制、技术、工期；根据任务的使用性质所需创造室内的环境氛围、文化内涵或艺术风格等。要做到这一点，需要业主与设计师充分地沟通和交流。

设计的实质是服务大众。因此作为设计者必须清楚，设计是为谁而做？设计师的素质和能力决定了所设计空间的品质，而设计完成的程度则是由业主的经济支持和能力配合决定的。只有甲方(消费者)提供项目，乙方才有展现才华的机会；只有明确甲方想要什么，乙方才能提供令其满意的设计。因此，能否在设计者与业主之间建立良好的合作关系决定着设计作品最终的成败。

02

图2-11：逼真的电脑设计效果(设计：上海嘉春设计工程有限公司)。

图2-12：模型、展板分析。

目前，设计人员所面对的业主常有以下几种类型。

1. 经济基础好，主观见解强

这一类型的业主通常是社会上较有名望的经济实体或个人，有较高的素质和经济基础，接触面广，有品位，并且对色彩、材料和造型有较高的鉴赏能力和水准。但因为他们的主观能动性较强，因此与其配合的设计师也会有被尊重与不被尊重两种极端的待遇。一般而言，与这种类型的业主完成的设计成品大都是可以称道的。

2. 有经济基础，无设计意识

这一类型的业主，他们有足够的财富，但却缺乏对艺术和设计方面的相关知识，因此他们的想法通常是片面的、不连贯的，甚至带着设计师东一家西一家到处看，然后说：“我就要这样的。”没过几天看到更满意的，又要更改。对于这样的业主，设计师最重要的是理论上的沟通和坚持原则，一旦被甲方牵着鼻子走，设计与成果大相径庭不说，最后很有可能既拿不到设计费又有损自己的声誉。

3. 有设计意识，无经济条件

这一类型的业主文化素质不低，收入中等。他们对生活品质颇为重视，能够尊重设计，也能提供详细的资料及预算，让设计师能有效地调度设计开支，并运用专业知识技能，其结果也往往是造就一个经济、美观、合理又富有情趣的室内空间。

4. 预算不足，意识不到

这一类型的业主往往只知道房子需要装修，却不知道如何入手，因而说不出具体的想法和要求，便交给设计师“全权处理”。但在施工过程中，业主往往冷不防地改这儿修那儿。当这些修改造成施工造价超出预算时，他们又说设计不好，造成了大量的浪费；或到了设计收费时，又认为设计该免费。

作为设计人员，我们需要了解业主的大概情况，但不应该对业主做过多的批评。我们在这里只是说明由于甲方的原因，有时也会给乙方造成很大的被动。居住空间设计，只有业主与设计师密切合作，才能创造一个既合理、舒适又美观的住宅空间环境，才能在设计师的努力下，为业主提供一个好的服务和作品。

除了对业主本身的调查分析之外，设计师还应对空间使用功能特点、环境氛围设想、资金投入与造价标准等的意向进行调查，同时对设计任务所在的建筑结构构成和设施设备等进行现场勘测、调查和汇总，形成设计的资料依据。

多渠道收集与设计任务有关的各类技术资料的信息也是居住空间设计初期十分重要的一环。如通过相关的书籍、杂志或邀请熟悉同类设计任务的专业人员进行了解咨询，通过计算机从网上收集有关的信息等。

2.2.2 设计定位

在通过调查、分析、收集相关资料信息之后，对接受的设计任务作出定位是非常必要的。这里的“定位”包括以下几方面。

(1) 根据空间使用功能特点、使用性质要求的“功能定位”，如图2-13～图2-15所示。

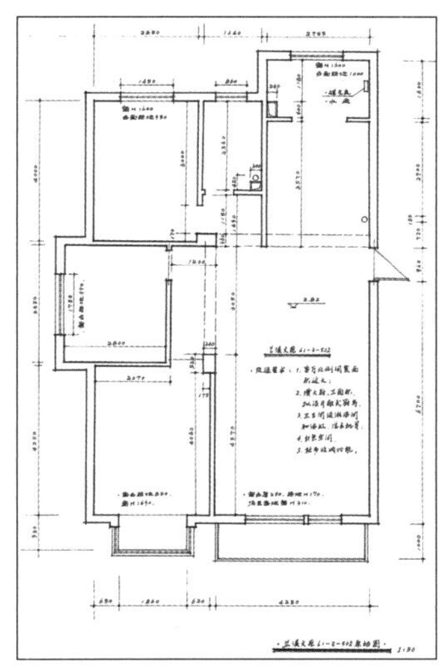

图2-13

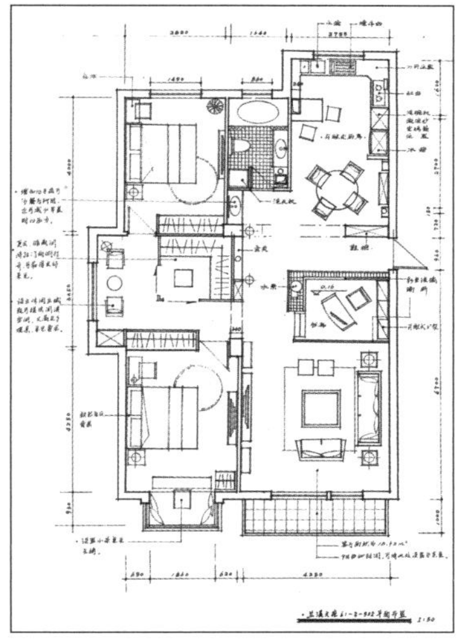

图2-14

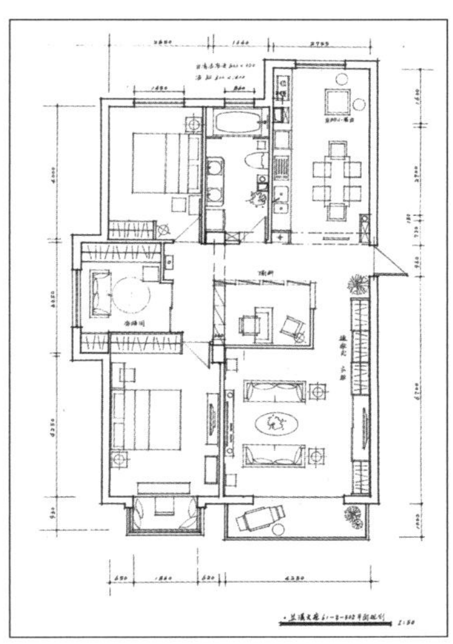

图2-15

(2) 设计任务和业主期望营造的环境氛围、造型格调的“风格定位”。如图2-16所示的中式风格和图2-17所示的欧式风格。

图2-16

图2-17

(3) 业主的整体资金投入和单方造价标准的“规模与标准定位”。

2.2.3　相关工种协调

居住空间的最终设计成果的优劣、设计意图的可操作性，与室内设计和相关的空调、给排水、强弱电气等设施设备的整体协调关系极为密切，这也是现代室内设计的重要内涵之一。

图2-13：测绘尺寸图。

图2-14、图2-15：平面功能定位图。

2.2.4 与土建和装修施工的前后期衔接

居住空间室内设计是在土建工程的基础上进行的工程拓展，因此它受到前期土建工程的制约。我们经常讲到的装修与装饰，就是在承重结构部位与管道设施布置完成后，运用合理的工程技术、施工工艺和构造做法，对室内各个界面进行功能及装饰布置的过程。因此，作为居住空间室内设计，必须对清水房和改造前的现场进行详细的勘测和记录，对于梁、管线、给排水等全面了解，然后根据土建提供的原始资料，为装修施工提供合理、方便、可操作的设计方案。

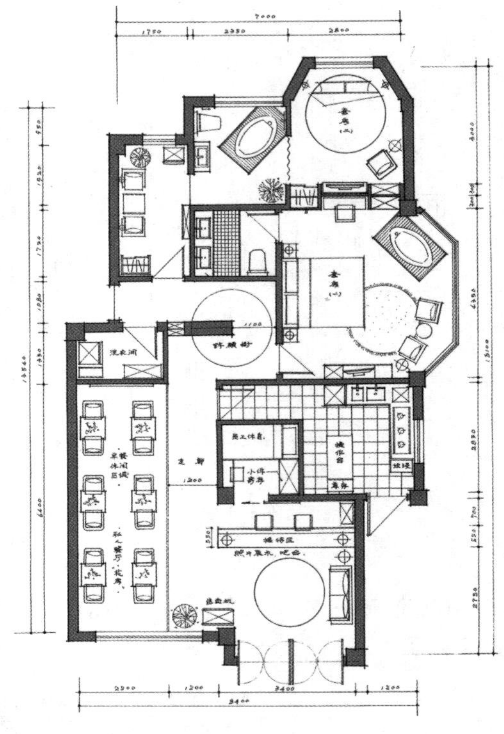

图2-18

2.2.5 方案比较

住宅室内设计从实际情况分析，往往具有多种应对设计任务的方案，它们总是各有长短和得失，只有通过不同方案的分析和比较，才能确定优选的方案。因此，室内设计方案的比较不仅是业主选择最佳作品的需要，也是设计师自身重要的工作方法之一。如图2-18～图2-20所示的某创意旅馆一层平面方案。

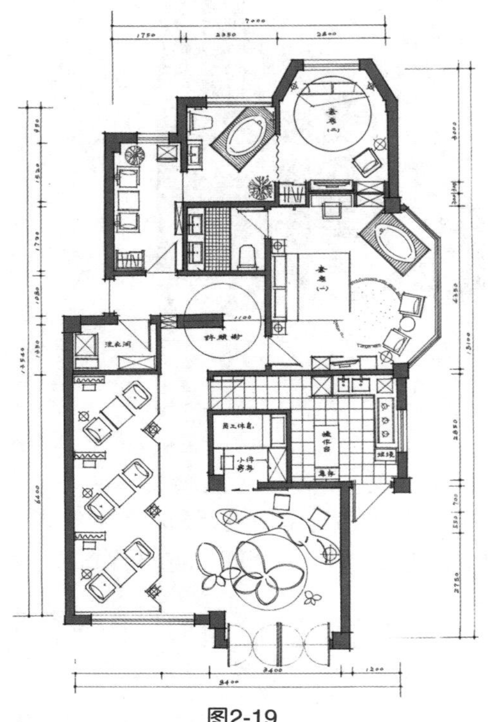

图2-19

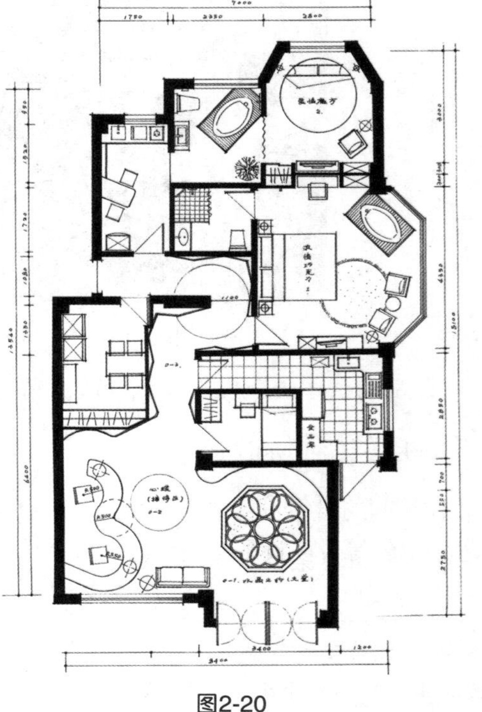

图2-20

2.3　居住空间设计的工作程序

过程是对最终成果的保障，过程是专业化程度的体现。居住空间设计根据设计的过程，通常分为四大阶段，即初始阶段、方案阶段、方案扩初阶段和施工图阶段。

2.3.1　初始阶段

初始阶段(概念萌生阶段)的内容与步骤如表2-1所示。

表2-1　初始阶段

初始阶段的内容与步骤	表达方式
1. 明确设计任务书、了解功能要求、造价投资、工期计划、周边环境及人文环境等.	无
2. 了解原建筑结构、设施、消防、机电设备、管线等情况。例如，层高、大小梁的位置和尺寸、楼板度、管龙井、结构类型、承重构件(柱、梁、剪力墙等)垂直构件、楼梯、消防设施(消火栓、警铃、消防门、前室、消防楼梯、防火分区、防火等级、防排烟井、烟感、温感、喷淋等)及水、电、风的具体情况和管线布置及尺寸。另有其他所存在的技术设施等情况	结构解读平面图、剖立面图
3. 现场勘测、了解情况	照片、现场测绘图、注解
4. 功能分析、编制流程图、安排空间动线	图示逻辑
5. 查阅相关设计资料、积累形象储蓄，并作相关空间的调研考察	视觉笔记
6. 默写原结构平面、寻找空间关系	随笔草图(空间型方面)
7. 随笔草图、萌生概念	1. 平面空间关系解析图空间轴的关系分析图。 2. 初始透视空间草图或电脑建模二次空间，进行复杂环境的观察分析

2.3.2　方案阶段

方案阶段(概念的发展)的任务是初始概念的可视化，包括风格手法的确立以及主要概念的明确和强化。方案设计侧重四个主要专项：空间型、空间色、照明与陈设，如表2-2所示。

表2-2 方案阶段

<table>
<tr><th>两大方面</th><th>专项</th><th>方案阶段的设计内容与步骤</th><th>表述方式</th></tr>
<tr><td rowspan="3">固定空间</td><td>空间型</td><td>1．建立空间概念，梳理空间秩序建构二次空间模型。
2．确定各界面的造型形式语言，即造型概念，强化提炼语言特征，完成风格定位</td><td>二次空间概念图(平面、平顶草图、轴测图)以文字简述、基本造型语言单位来表达造型概念，以透视、轴测草图、概念界面图(或立面图)来表达空间造型概念</td></tr>
<tr><td>空间色</td><td>3．色调概念的确立。
4．构建色调明度与黑、白、灰空间构图。
5．对应色感，选择主要装修用料的大类别</td><td>色调概念的文字简述，即色感描述或制作色块比例配置图、相关图片的概念表述或透视图配文字描述注释、轴测图配文字描述注释或色彩立面图，分析面积比</td></tr>
<tr><td>照明</td><td>6．空间照明概念</td><td>以文字简述照明概念或简单照明图示</td></tr>
<tr><td>活动陈设</td><td>陈设</td><td>7．主要陈设设计或有装置设计的概念，完成各陈设点的位置和形式内容</td><td>陈设设计平面空间关系解析草图</td></tr>
</table>

2.3.3 方案扩初阶段

方案扩初阶段(概念的终极落实)，包括各专业程序化进程，具体解决各专题中的技术问题。该阶段的侧重点在于按比例手绘各界面及进行材料的落实与照明设计，如表2-3所示。

表2-3 方案扩初阶段

<table>
<tr><th>两大方面</th><th>专项</th><th>方案扩初阶段的设计内容与步骤</th><th>表述方式</th></tr>
<tr><td rowspan="4">固定空间</td><td>空间型</td><td>1．深化并明确整体空间各平、顶、地、立、剖等建筑界面，进行局部形态设计。
2．明确落实局部界面造型，明确落实空间中各固定家具、隔断等内容的界面造型</td><td>1.按1：100，1：50，1：30绘出平、顶、立、剖面图及地坪图。
2.局部小透视或轴测图及纵、横断面图等</td></tr>
<tr><td>空间色</td><td>3．色彩概念在具体界面中的最终确认，即完成色彩的空间分配，以及家具陈设等方面的色彩在总体环境中的色彩配置关系</td><td>手绘彩色透视图、轴测彩色图或整体空间的散点透视彩色图(尤其适合空间界面和家具陈设并置的配色图示表达)，并配合文字注释以色纸的剪贴来组合表达色彩概念，以及详细说明每块色纸的运用部位、家具陈设平面色彩(构图)配置图</td></tr>
<tr><td>材质</td><td>4．完成色彩对材料的对应转换，具体选择每一个界面的用材设计</td><td>墙面材料平面布置图材料实样图示设计用材编号图表</td></tr>
<tr><td>节点</td><td>5．按比例手绘主要节点详图，并明确其余所有节点的尺寸、造型、构造方式，最终完成各平、顶、立、剖等界面</td><td>手绘主要节点，草图编制节点网格图表调整平、顶、立、剖面图</td></tr>
</table>

续表

两大方面	专项	方案扩初阶段的设计内容与步骤	表述方式
固定空间	照明	6．照明设计，明确空间照明的视觉效果和空间照明的各类形式并进行照度光比配置分析。 7．明确光源配置，计算光源间距，选择合适的照度值。 8．明确光源控照器。 9．光源配置一览表	照明效果素描关系图，空间照度图、立面配置图，光源投射圈平面布置图，空间垂直向各水平高度照度布置图，光源投射圈平面照度布置图，洗墙光束立面定位尺寸图，灯光控照器平面平顶布置图，灯光图表
	空间技术	10．明确空间中风口、烟感、喷洒、音响及所有设备的定位尺寸、造型与环境的协调关系。 11．了解各相关的技术问题、数据、造型等内容	平、顶、立面定位图
活动陈设	陈设	12．按设计风格完成各陈设点中的家具造型设计，以及与所需色彩相对应的材料选择	按比例手绘家具平、立面图和透视图，确立空间中的比例尺度关系
		13．按设计风格，完成陈设点中的灯具造型设计，以及与所需色彩、光亮相对应的材料和光源选择	按比例手绘家具平、立面图，按比例手绘灯具在空间中应具有的比例尺度位置，手绘透视图稿
		14．完成其他陈设品的造型形式，色彩、肌理、材料等选择，如：装置艺术、工艺品、艺术品…… 15．完成艺术布幔、窗帘、面料工艺装饰毯等织物的造型、色彩、图案等设计	挑选并扫描各陈设品材料小样包括：色彩配置图(即平面陈设色彩配置图)、空间透视图(或散点透视图)
		16．按空间比例推敲陈设品的构图关系及相互间的比例关系，完善陈设品与空间构图的和谐感	按比例绘制陈设配置剖、立面图，展示陈设品在空间中的相互位置和比例尺寸
		17．完成陈设点和灯光照明的对应关系	光源与陈设品照明剖、立面定位图

2.3.4　施工图阶段

施工图阶段涉及最终的设计实施，因此设计表述必须具备严谨性、逻辑性和可实施性。根据项目负责人在施工阶段的工作范围，尺寸、材质标注及施工工艺的表述必须详尽清楚准确，如表2-4所示。

表2-4　施工图阶段

内容步骤	表达方式
1．明确图幅、比例、制图分区安排	
2．明确整套图纸的编制流程及内容	编制流程图
3．明确平面系列的各项具体内容及合并省略情况	编写平面内容系列分配

续表

内容步骤	表达方式
4．明确立面在平面中的具体索引	索引草图(平)
5．拟定各类设计图表	图纸目录表、设计材料表、灯光图表、家具图表、陈设品表
6．平面系列绘制、平顶系列绘制	CAD
7．平面、平顶系列拆图，完成材料、尺寸的标注和各立面索引的编号	CAD
8．立、剖面系列绘制	CAD
9．完成平、立、剖的构造详图剖切索引	圈大样、放剖切号
10．最终完成节点网络图，明确详图编号	手绘节点网格编号图
11．绘制节点大样图，并进行图面排版	CAD
12．完成各节点详图所在图的编号	CAD
13．家具图绘制(单体)	CAD
14．灯具图绘制(单体)	CAD
15．其他陈设品绘制(单体)	CAD
16．陈设平面、立面、剖面的最终图	CAD
17．整理全套图纸，编写图纸序号，完成图纸目录表，并完善其他各类图纸	CAD
18．审校、修改、出图	CAD
19．设计用材的小样制作	样品，扫描图片
20．对设计过程中的文档进行整理归案	整理归案

施工图纸的准确表达直接影响到施工的质量和设计成果的优劣。以往在教学过程中，学生将大部分的经历花在了设计方案与效果图的表达方面，殊不知优秀成果的形成需要严谨的工程测绘、制图与精湛的施工工艺作为支撑。图纸绘制是一项严肃而认真的技术工作，是施工准备阶段和技术交底的最重要的内容。认真做好图纸的审核和校对，对于减少施工中的差错，完善设计，提高工程质量和保证施工顺利进行都有着十分重要的意义。由于施工图纸是施工单位和监理单位开展工作最直接的依据，因此，作为设计人员，必须确保施工图纸满足如下要求。

(1) 展开施工工作之前，所有的图纸必须经过业主和设计单位各级人员的签署和审查。

(2) 设计图纸与说明书必须齐全、明确，坐标、标高、尺寸、管线和道路等交叉连接必须相符；图纸内容、表达深度必须满足施工需要。

(3) 施工图与设备、特殊材料的技术要求一致，并确认主要材料来源有无保证，能否替换；新技术、新材料的应用是否落实。

(4) 土建结构布置与设计对应，符合抗震等强度设计要求。

(5) 设计必须满足生产要求和检修需要。

(6) 施工图纸必须满足防火、消防设计有关规程的要求。

为了使学生们理解施工图纸的绘制规范和绘制内容，本章收录了两套小户型设计施工图，比较详细地展示了家居空间中各个功能空间的效果与施工图纸，学生可按照不同的空间图与图纸进行对照、参考和学习。

图2-21～图2-38所示为沈阳同方世纪大厦户型I的效果图及设计图纸。

图2-21

图2-22

图2-23

图2-21～图2-38所示图纸提供者为王晓东和王仁杰。

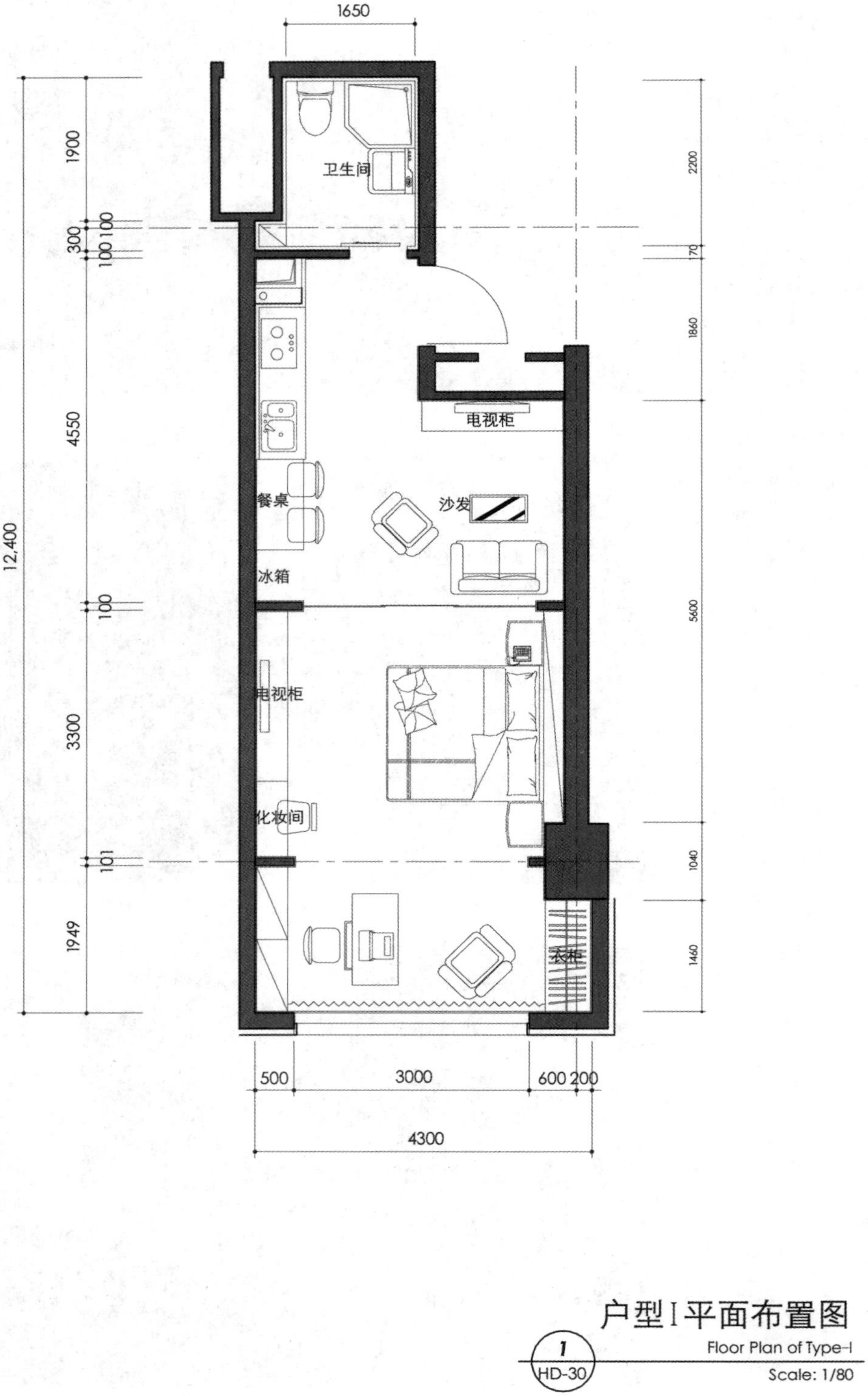

1650

卫生间

电视柜

沙发

餐桌

冰箱

电视柜

化妆间

衣柜

1900 300 100 100 4550 100 3300 101 1949

12,400

2200 170 1860 5600 1040 1460

500 3000 600 200

4300

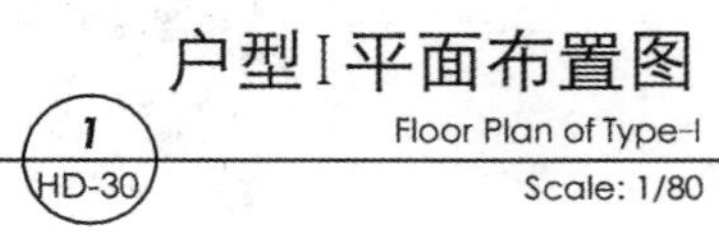

图2-24

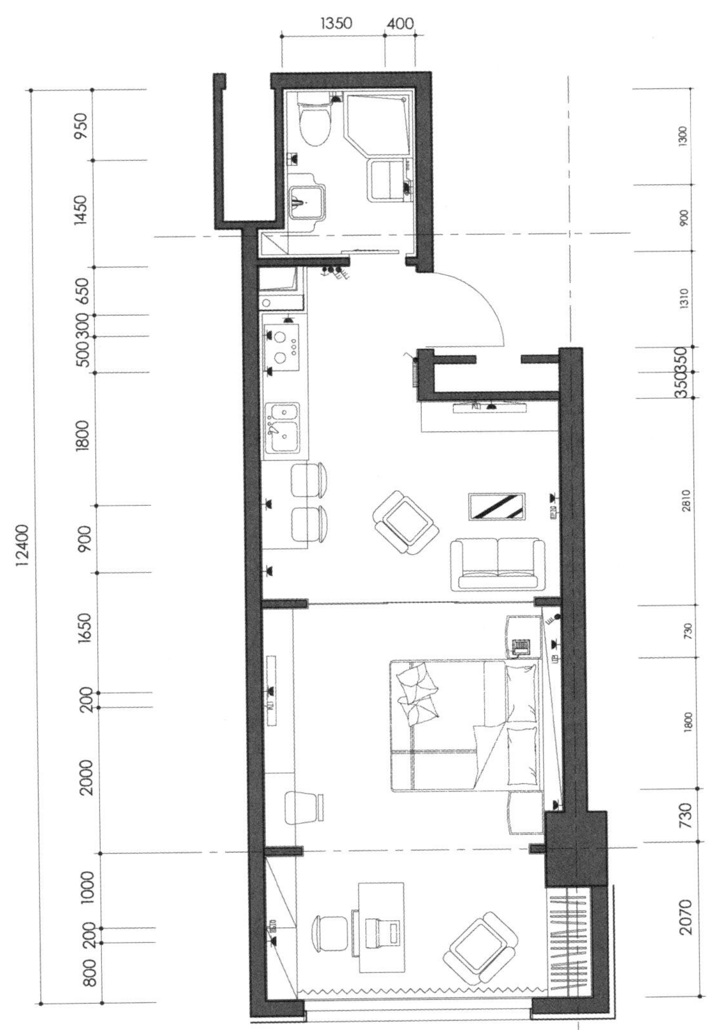

图例	名 称
	配电箱–350长×220宽×140厚
	市电插座 250V/10A 五孔
	单相防水插座[250V/10A/五孔]
	单联开关
	三联开关
	双联开关
	四联开关

图例	名 称	中心高度
TP	电话插座	300mm
TC	网线插座	300mm
TPTC	电话网线联体插座	300mm
TV	有线插座	1200mm
KS	可视电话	1400mm
	空调开关	1300mm

注:

壁挂电视、洗衣机、剃须吹风机和厨房电炊插座中心距装饰成活地面高度为1200mm。
电淋浴器、排油烟机插座中心距装饰成活地面。高度为2000mm。
其他插座中心距装饰成活地面高度为300mm。
配电箱下沿距装饰成活地面高度为1500mm。
所有开关中心距装饰成活地面高度为1300mm。

户型(Ⅰ)强弱电开关插座定位图

Switch & Rosette Location of Type-I

1

HD-31

Scale: 1/80

图2-25

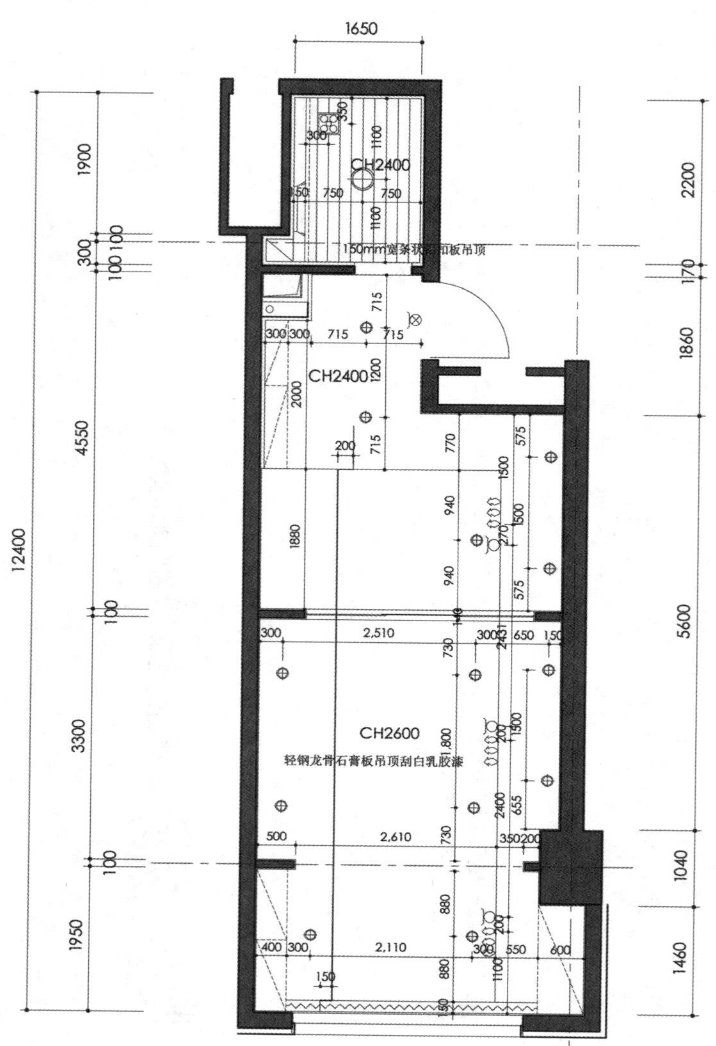

图例	名 称
	圆型筒灯
	射灯
	吸顶灯
	感应吸顶灯
	艺术吊灯
	窗帘盒+窗帘

图例	名 称
	浴霸
	虚光灯
	橱柜衣柜书柜
	空调风口
	喷淋
	镜前灯

天花布置定位图

Ceiling Plan & Location

1

HD-32

Scale: 1/80

图2-26

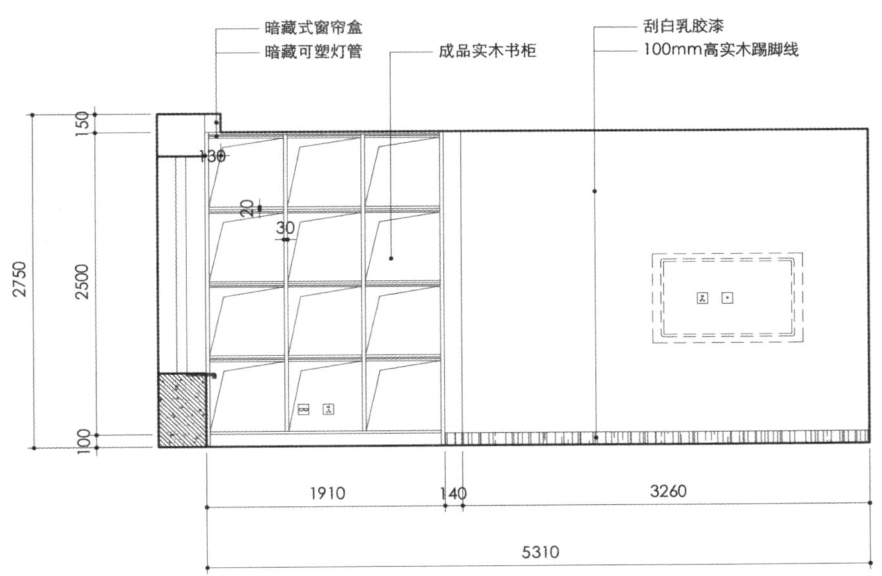

卧室立面-A

1 HD-33 Bedroom Elevation - A

Scale: 1/50

图2-27

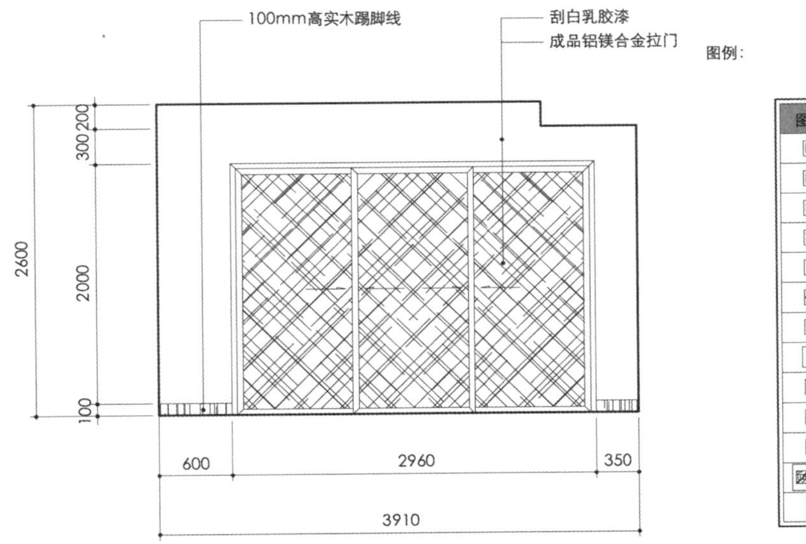

图例:

图例	名 称
	单联开关
	双联开关
	三联开关
	四联开关
	空调开关
	电话+网络插座
	电话插座
	网络插座
	有线插座
	五孔插座
	防水五孔插座
	开关箱
	可视电话

卧室立面-B

2 HD-33 Bedroom Elevation - B

Scale: 1/50

图2-28

02

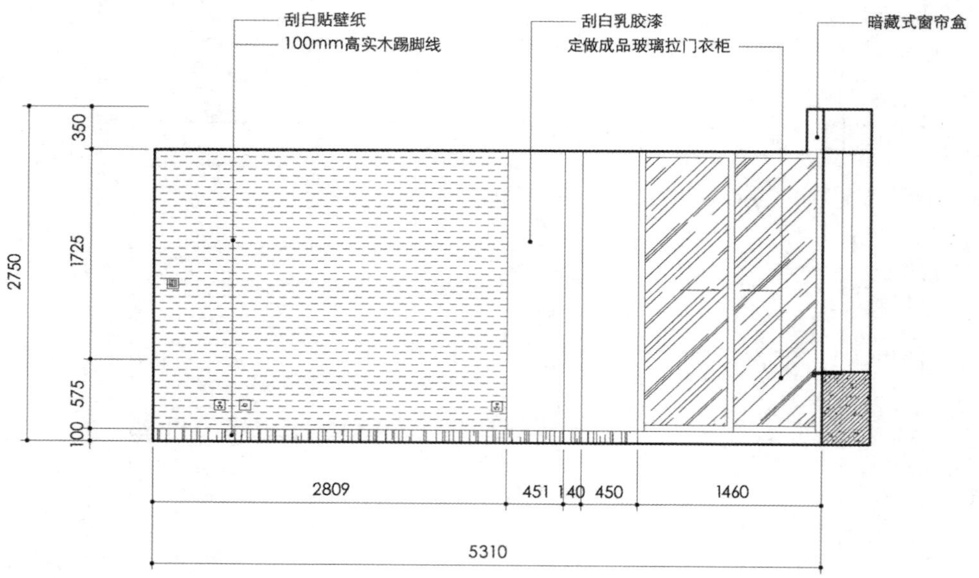
刮白贴壁纸
100mm高实木踢脚线
刮白乳胶漆
定做成品玻璃拉门衣柜
暗藏式窗帘盒
350
1725
2750
575
100
2809
451
140
450
1460
5310
卧室立面-C
1
HD-34
Bedroom Elevation - C
Scale: 1/50

图2-29

02

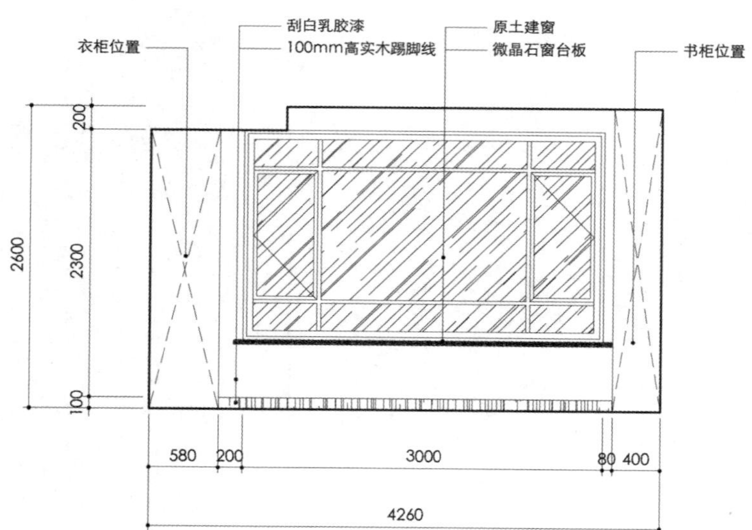
衣柜位置
刮白乳胶漆
100mm高实木踢脚线
原土建窗
微晶石窗台板
书柜位置
200
2600
2300
100
580
200
3000
80
400
4260
卧室立面-D
2
HD-34
Bedroom Elevation - D
Scale: 1/50

图2-30

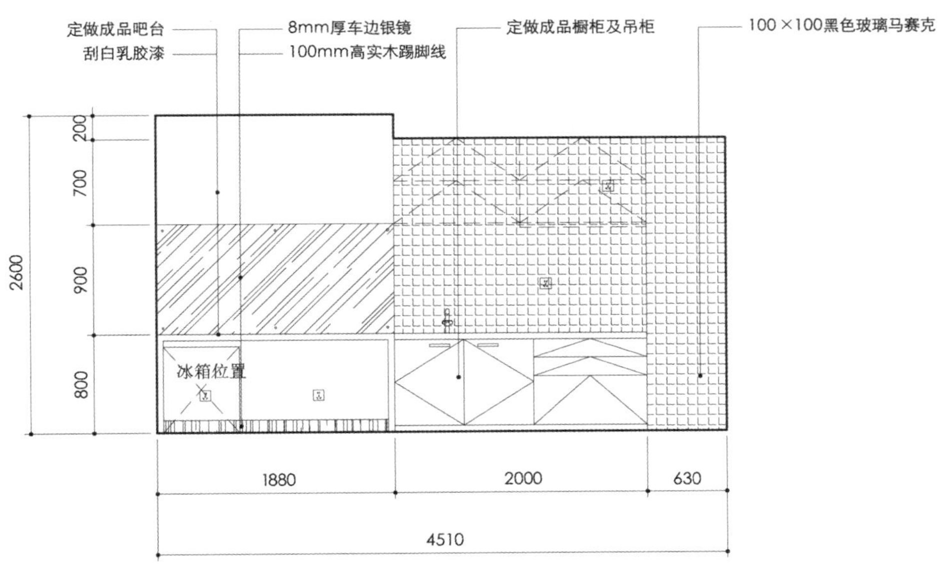

厨房立面-A
Kitchen Elevation – A
1
HD-35
Scale: 1/50

图2-31

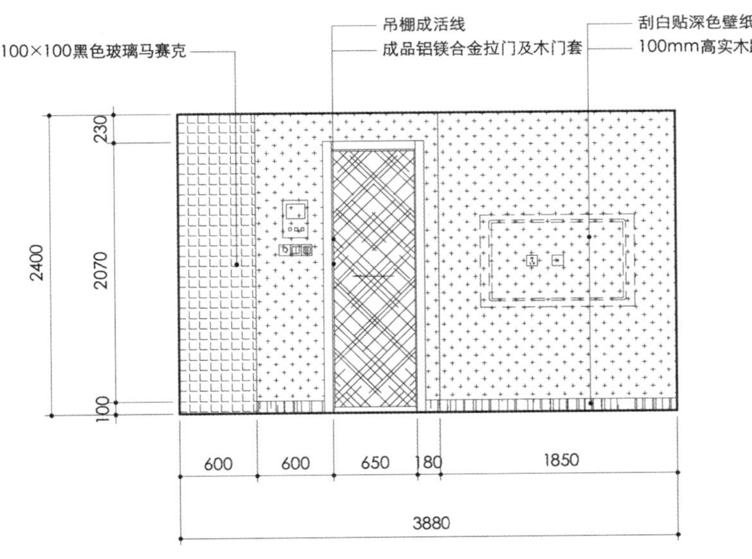

图例	名 称
	单联开关
	双联开关
	三联开关
	四联开关
	空调开关
	电话+网络插座
	电话插座
	网络插座
	有线插座
	五孔插座
	防水五孔插座
	开关箱
	可视电话

厨房立面-B
Kitchen Elevation – B
2
HD-35
Scale: 1/50

图2-32

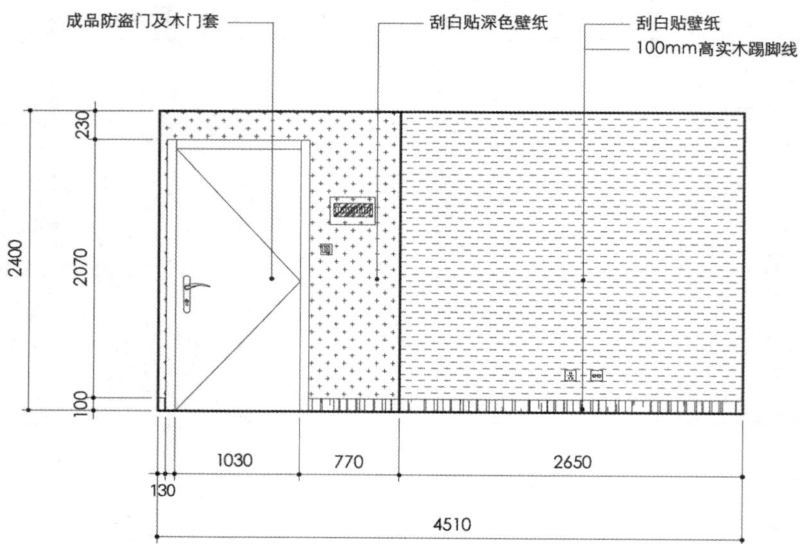
成品防盗门及木门套
刮白贴深色壁纸
刮白贴壁纸
100mm高实木踢脚线
230
2400
2070
100
1030
770
2650
130
4510
厨房立面-C
Kitchen Elevation - C
1
HD-36
Scale: 1/50

图2-33

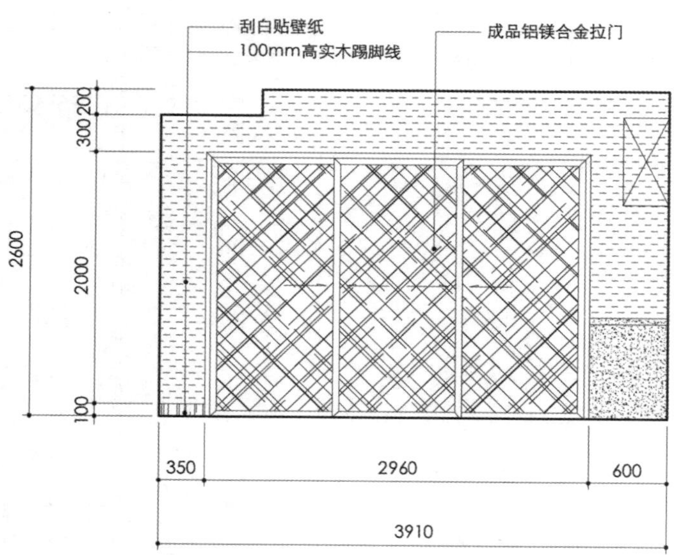
刮白贴壁纸
100mm高实木踢脚线
成品铝镁合金拉门
200
300
2600
2000
100
350
2960
600
3910
厨房立面-D
Kitchen Elevation - D
2
HD-36
Scale: 1/50

图2-34

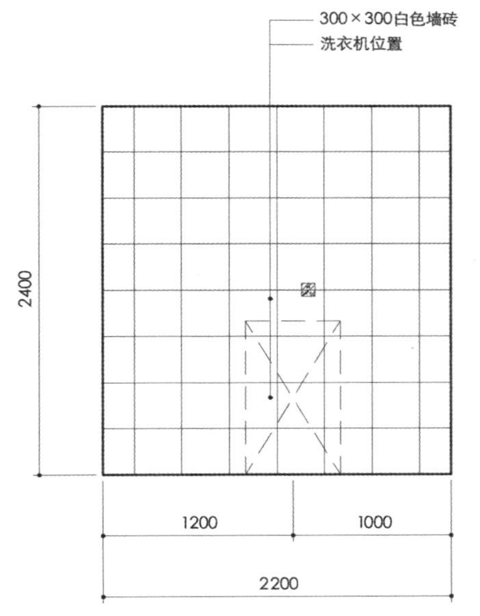

图2-35

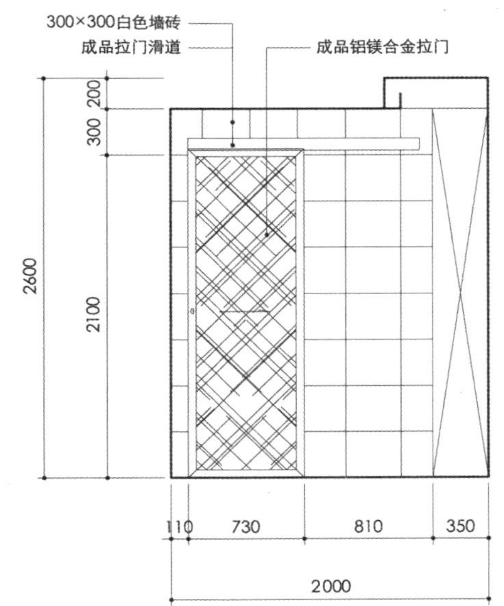

卫生间立面-B

2
HD-37
Bathroom Elevation – B

Scale: 1/40

图2-36

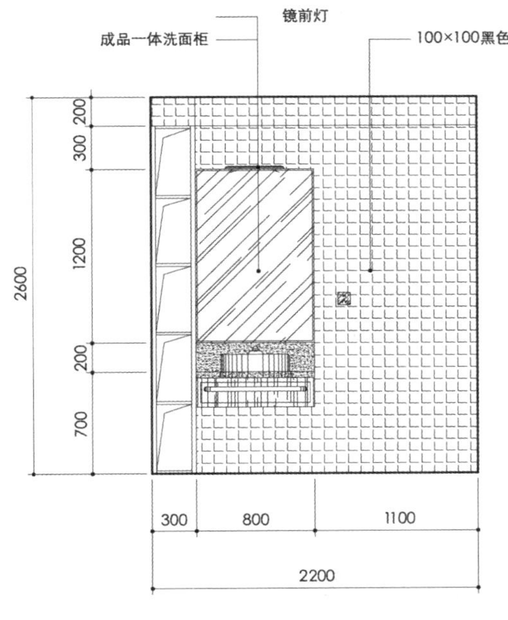

图2-37

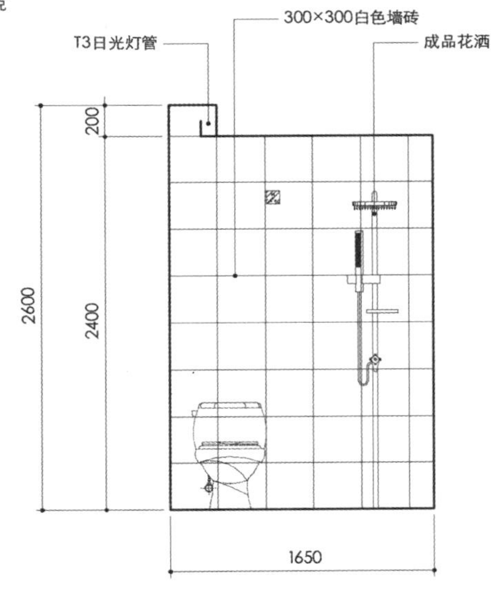

卫生间立面-D

4
HD-39
Bathroom Elevation – D

Scale: 1/40

图2-38

02

图2-39～图2-71所示为沈阳同方世纪大厦户型O的效果图及设计图纸。

图2-39

图2-40

图2-41

图2-39～图2-71 所示的图纸提供者为王晓东和王仁杰。

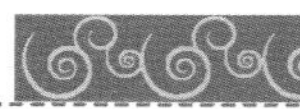

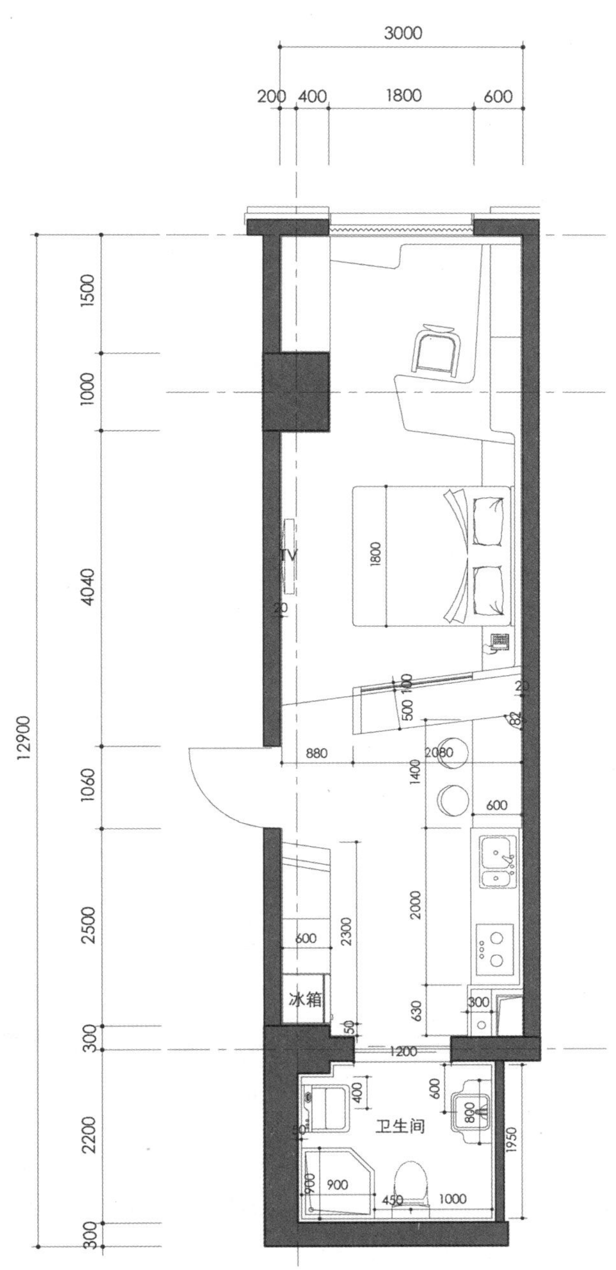
3000
200
400
1800
600
12900
1500
1000
4040
1060
2500
300
2200
300
TV
1800
冰箱
卫生间
880
2080
1400
600
2000
2300
630
300
1200
400
600
800
1950
900
900
450
1000

户型O平面布置图
1
HD-48
Floor Plan of Type-O
Scale: 1/80

图2-42

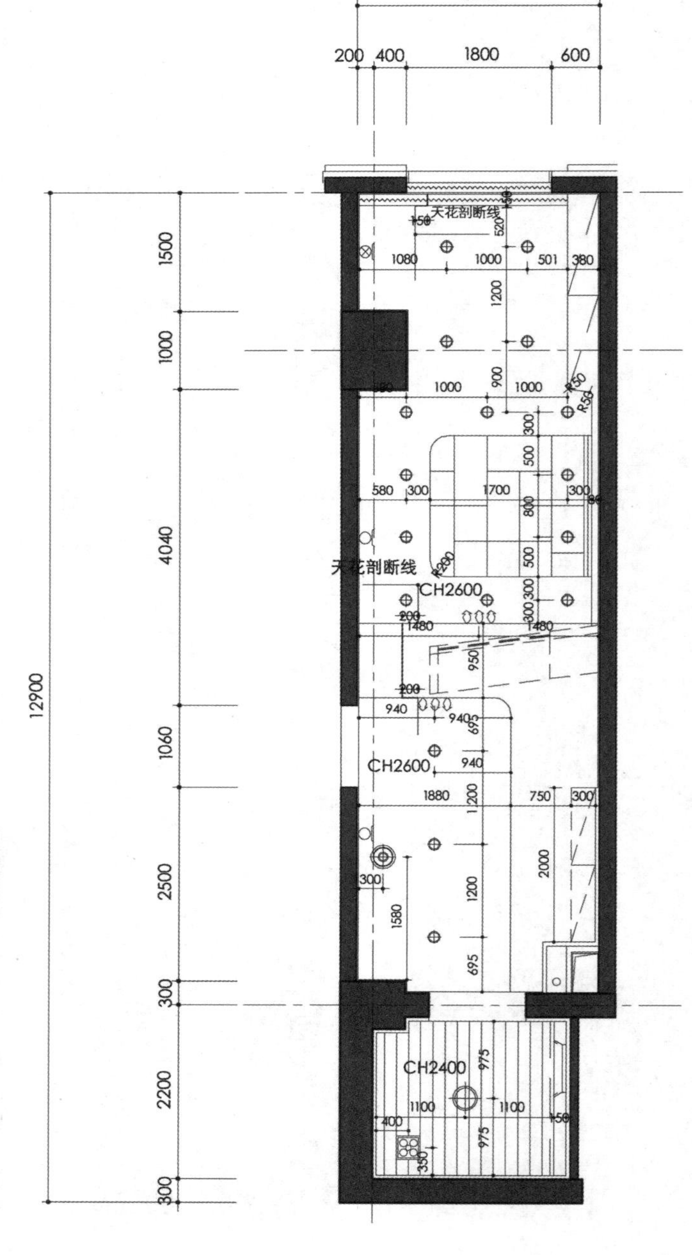

图例	名 称
	圆形筒灯
	射灯
	吸顶灯
	感应吸顶灯
	艺术吊灯
	窗帘盒＋窗帘

图例	名 称
	浴霸
	虚光灯
	橱柜衣柜书柜
	空调风口
	喷淋
	镜前灯

天花布置定位图
Ceiling Plan & Location
1
HD-49
Scale: 1/80

图2-43

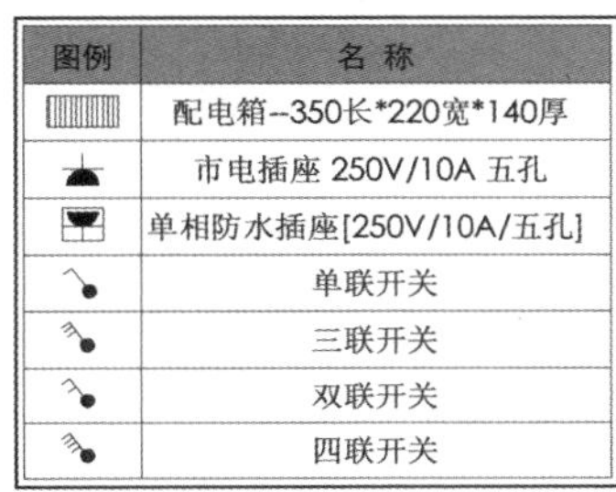

图例	名 称
	配电箱--350长*220宽*140厚
	市电插座 250V/10A 五孔
	单相防水插座[250V/10A/五孔]
	单联开关
	三联开关
	双联开关
	四联开关

图例	名 称	中心高度
TP	电话插座	300mm
TC	网线插座	300mm
TPTC	电话网线联体插座	300mm
TV	有线插座	1200mm
KS	可视电话	1400mm
	空调开关	1300mm

注:

壁挂电视、洗衣机、剃须吹风机和厨房电炊插座中心距装饰成活地面高度为1200mm。
电淋浴器、排油烟机插座中心距装饰成活地面高度为2000mm。
其他插座中心距装饰成活地面高度为300mm。
配电箱下沿距装饰成活地面高度为1500mm。
所有开关中心距装饰成活地面高度为1300mm。

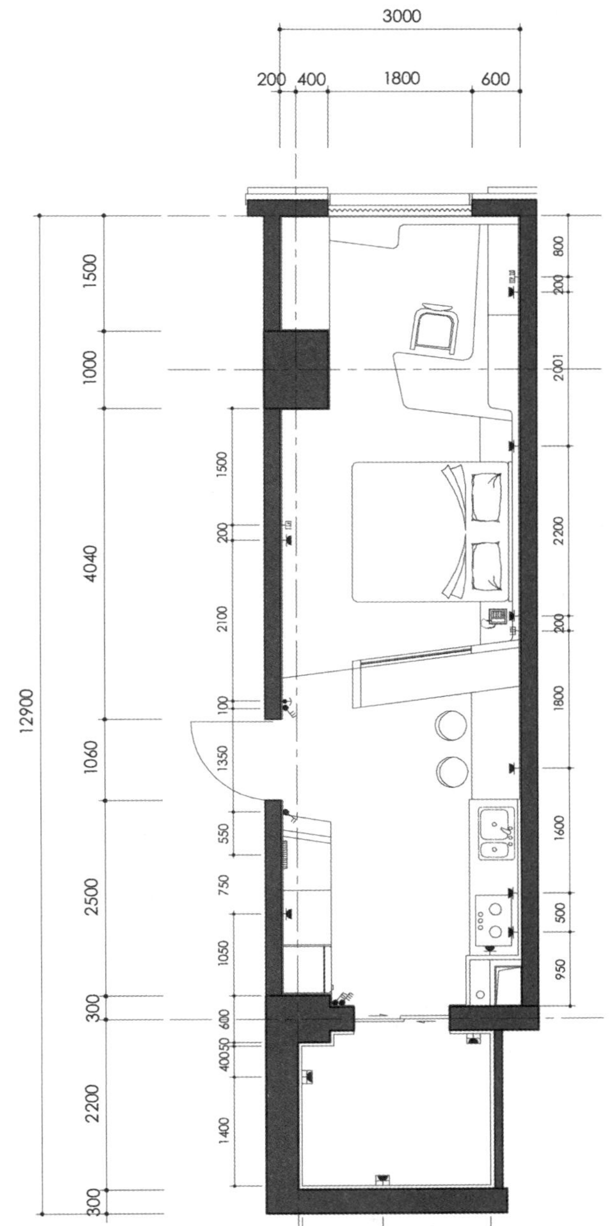

户型O强弱电开关插座定位图

Switch & Rosette Location of Type-O

1 HD-50

Scale: 1/80

图2-44

图例	名 称
	单联开关
	双联开关
	三联开关
	四联开关
	空调开关
	电话+网络插座
	电话插座
	网络插座
	有线插座
	五孔插座
	防水五孔插座
	开关箱
	可视电话

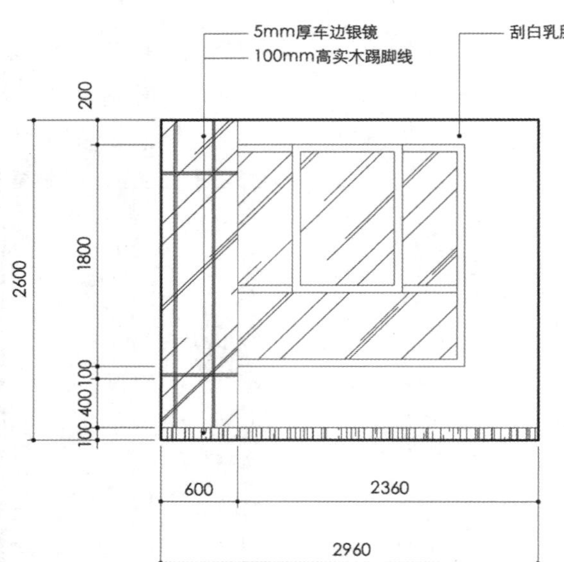

图2-45

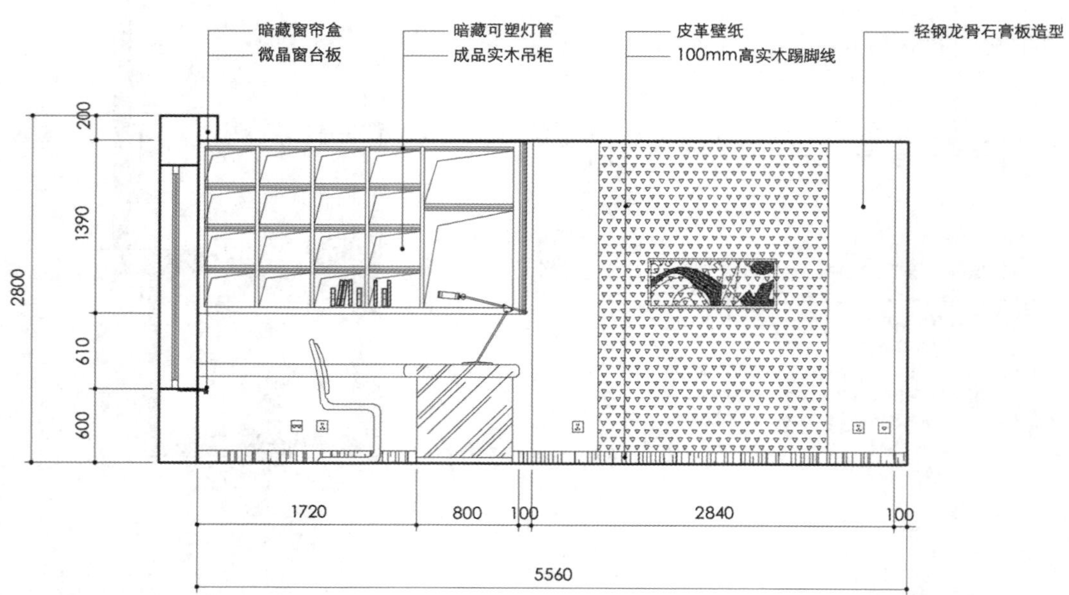

图2-46

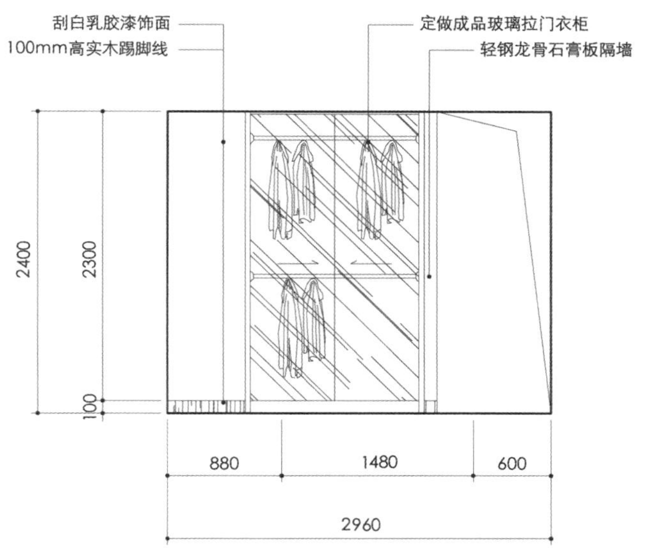
刮白乳胶漆饰面
100mm高实木踢脚线
定做成品玻璃拉门衣柜
轻钢龙骨石膏板隔墙
2400
2300
100
880
1480
600
2960
卧室立面-C
1
HD-52
Bedroom Elevation - C
Scale: 1/50

图2-47

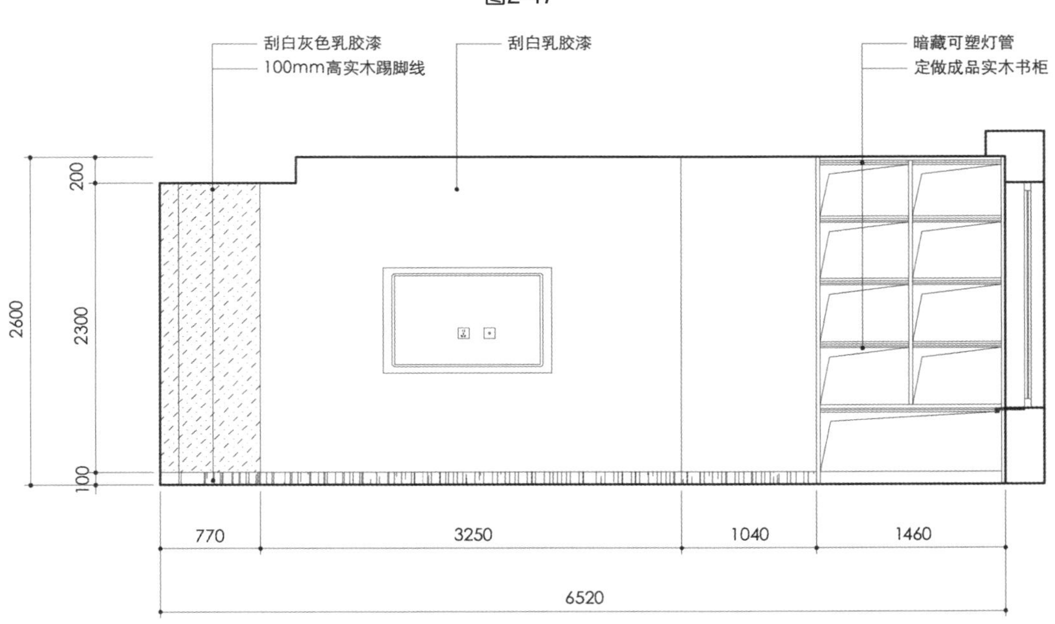
刮白灰色乳胶漆
100mm高实木踢脚线
刮白乳胶漆
暗藏可塑灯管
定做成品实木书柜
200
2600
2300
100
770
3250
1040
1460
6520
卧室立面-D
2
HD-52
Bedroom Elevation - D
Scale: 1/50

图2-48

02

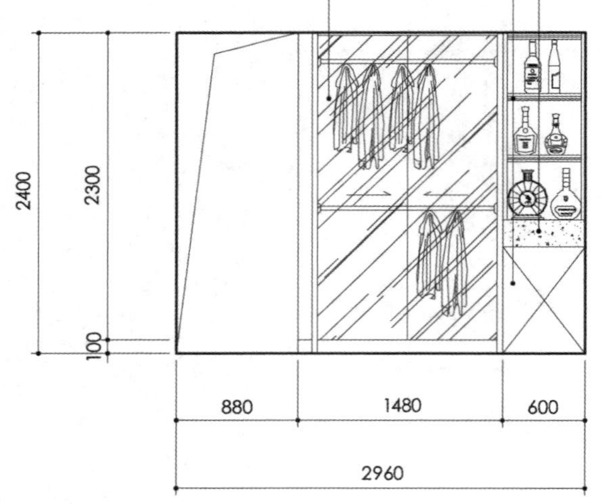

厨房立面-A
Kitchen Elevation - A
1
HD-53
Scale: 1/50

图2-49

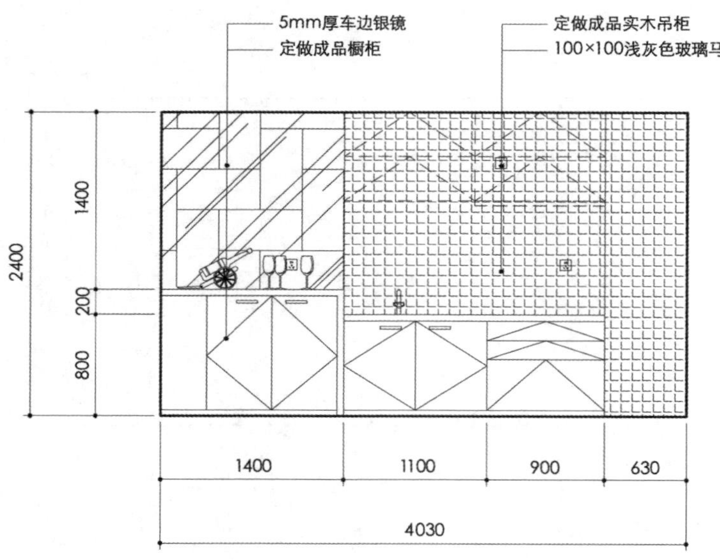

图例	名 称
	单联开关
	双联开关
	三联开关
	四联开关
	空调开关
	电话+网络插座
	电话插座
	网络插座
	有线插座
	五孔插座
	防水五孔插座
	开关箱
	可视电话

厨房立面-B
Kitchen Elevation - B
2
HD-53
Scale: 1/50

图2-50

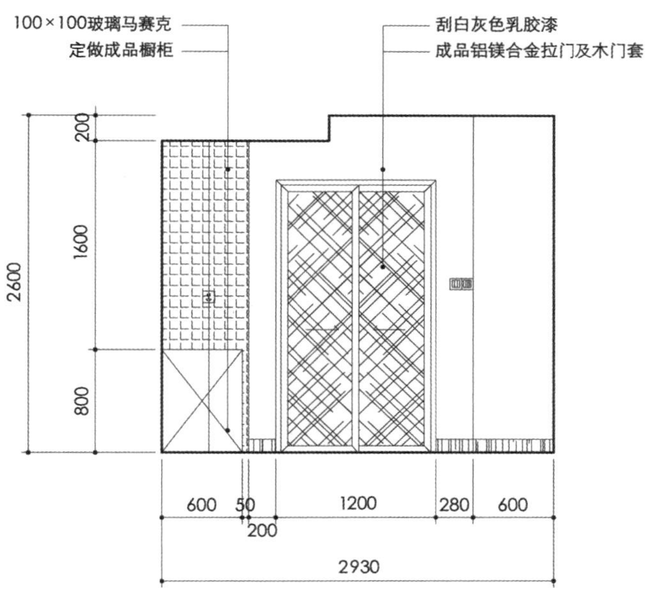

100×100玻璃马赛克
定做成品橱柜
刮白灰色乳胶漆
成品铝镁合金拉门及木门套
200
1600
800
2600
600
50
200
1200
280
600
2930
厨房立面-C
Kitchen Elevation - C
1
HD-54
Scale: 1/50

图2-51

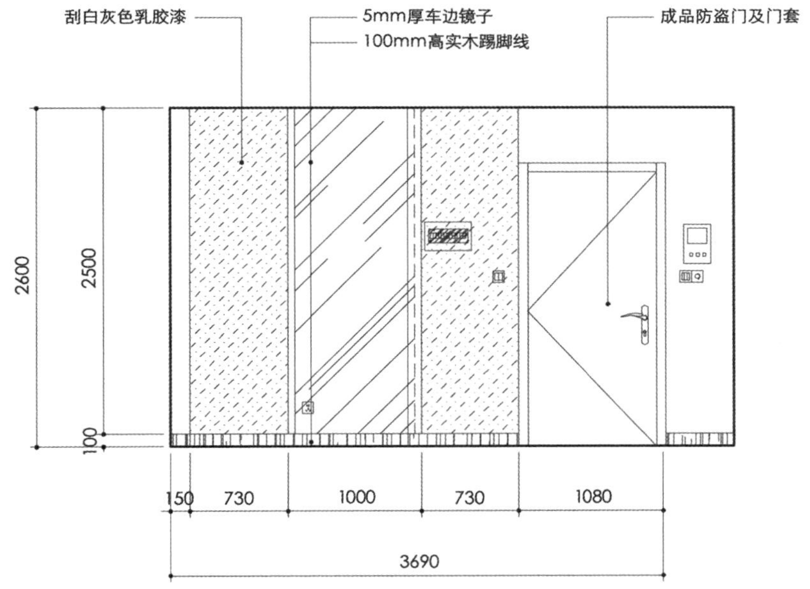

刮白灰色乳胶漆
5mm厚车边镜子
100mm高实木踢脚线
成品防盗门及门套
2600
2500
100
150
730
1000
730
1080
3690
厨房立面-D
Kitchen Elevation - D
2
HD-54
Scale: 1/50

图2-52

300×300白色墙砖
成品铝镁合金拉门及木门套
T3日光灯管
2600
300
200
2100
400
300
1100
550
2350
卫生间立面-A
1
HD-55
Bathroom Elevation – A
Scale: 1/40

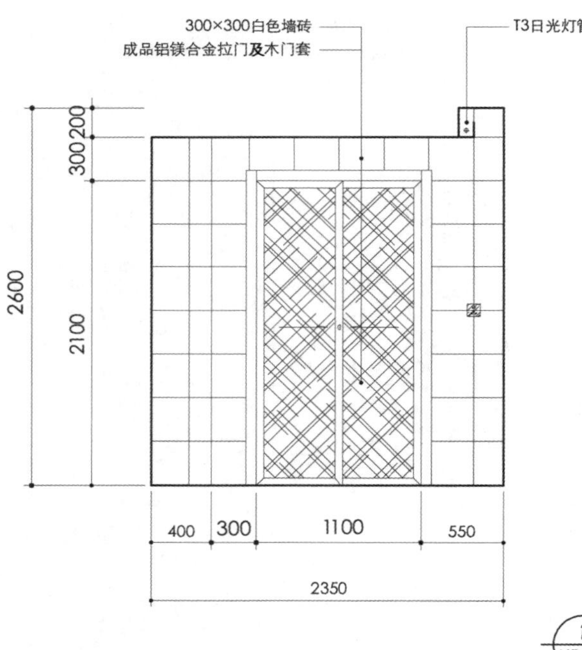

图2-53

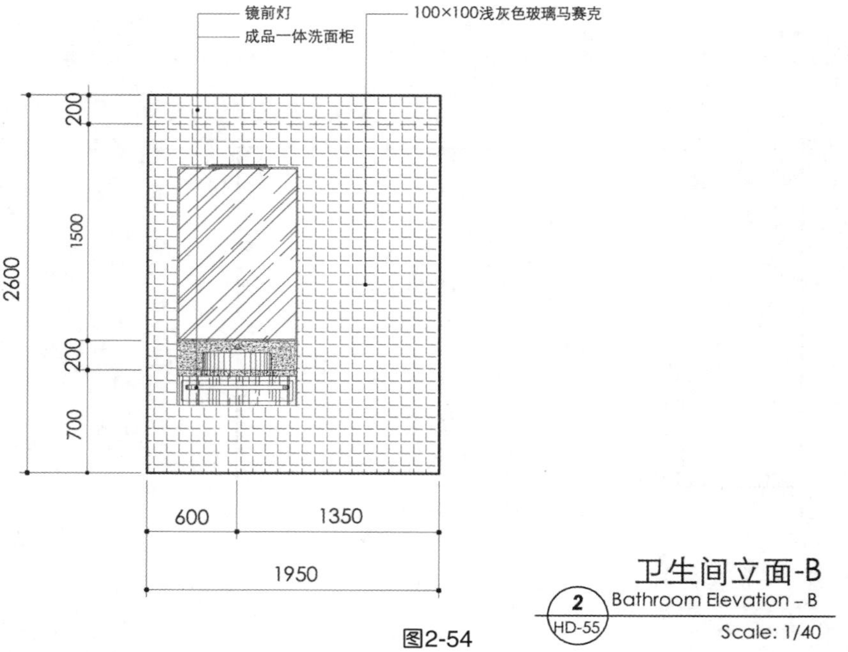

镜前灯
成品一体洗面柜
100×100浅灰色玻璃马赛克
2600
200
1500
200
700
600
1350
1950
卫生间立面-B
2
HD-55
Bathroom Elevation – B
Scale: 1/40

图2-54

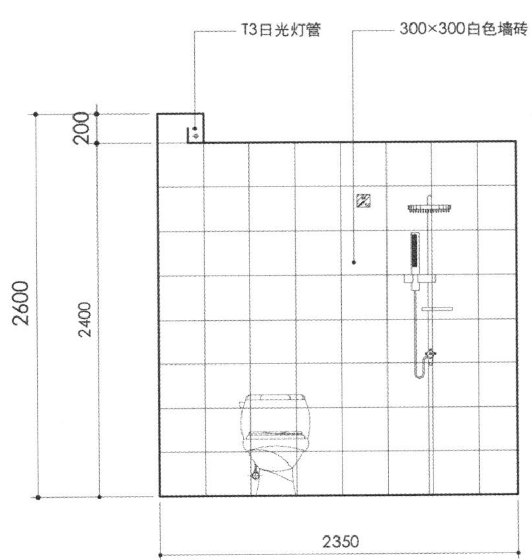

卫生间立面-C
1 Bathroom Elevation – C
HD-56 Scale: 1/40

2000
450 450
900

成品玻璃浴屏
2 Detail of Glass Screen
HD-56 Scale: 1/40

图2-55

02

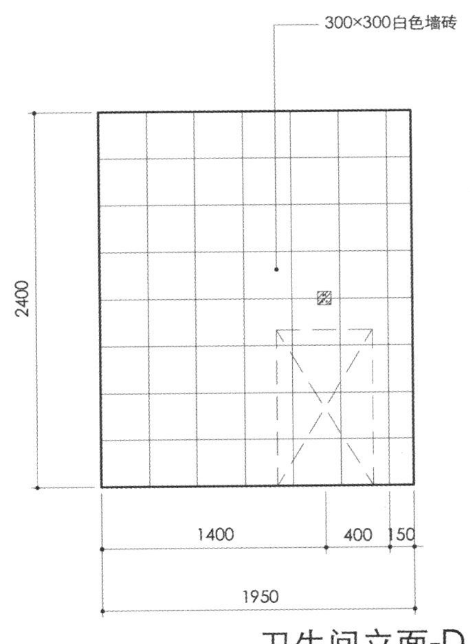

卫生间立面-D
3 Bathroom Elevation – D
HD-56 Scale: 1/40

2000
450 450

成品玻璃浴屏
4 Detail of Glass Screen
HD-56 Scale: 1/40

图2-56

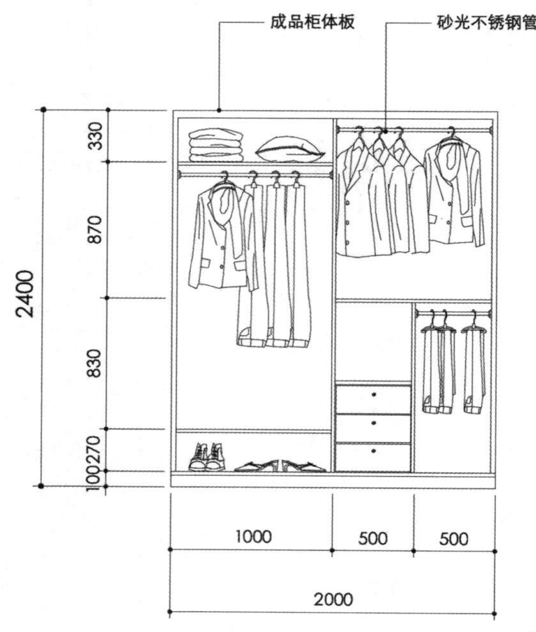
成品柜体板
砂光不锈钢管
330
870
2400
830
270
100
1000
500
500
2000
衣柜内立面图
Inside View of Closet
1
HD-57
Scale: 1/40

图2-57

02

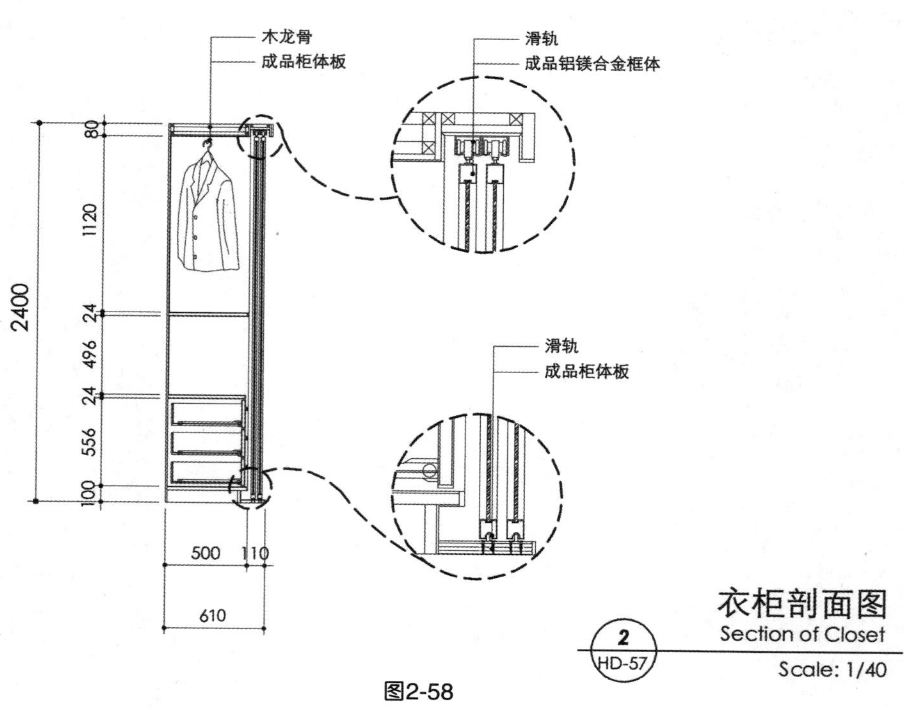
木龙骨
成品柜体板
滑轨
成品铝镁合金框体
80
1120
2400
24
496
24
556
100
滑轨
成品柜体板
500
110
610
衣柜剖面图
Section of Closet
2
HD-57
Scale: 1/40

图2-58

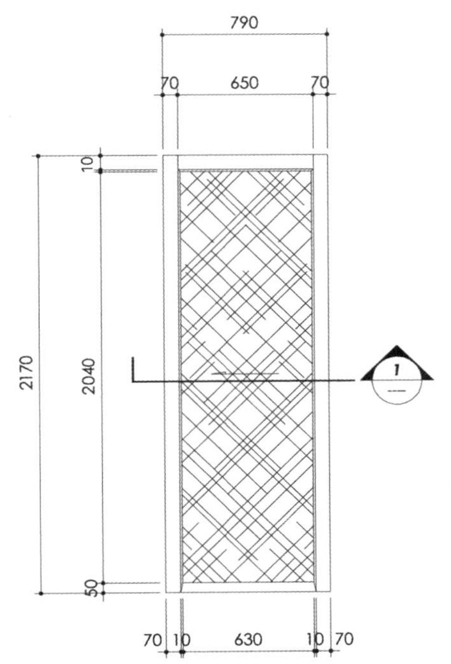

卫生间拉门详图-1
Bathroom Door Detail-1
1 HD-58
Scale: 1/30

图2-59

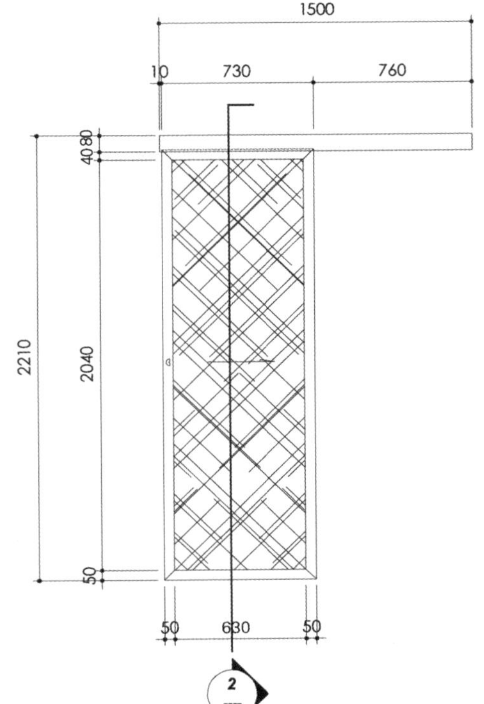

卫生间拉门详图-2
Bathroom Door Detail-2
2 HD-58
Scale: 1/30

图2-60

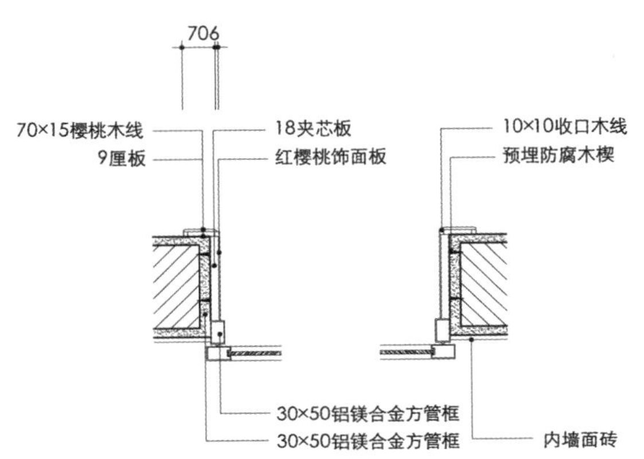

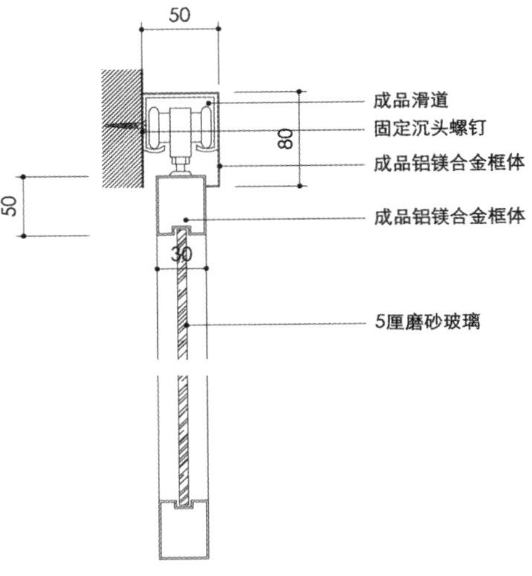

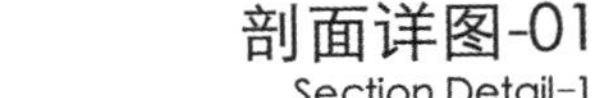

剖面详图-01
Section Detail-1
3 HD-58
Scale: 1/15

图2-61

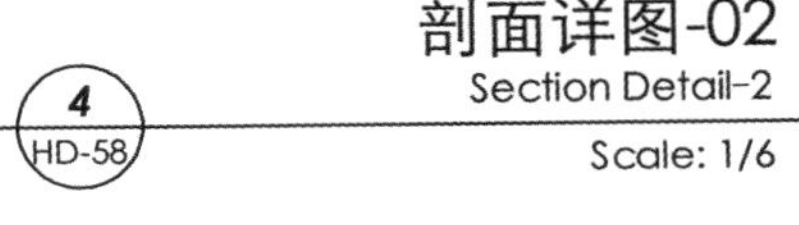

剖面详图-02
Section Detail-2
4 HD-58
Scale: 1/6

图2-62

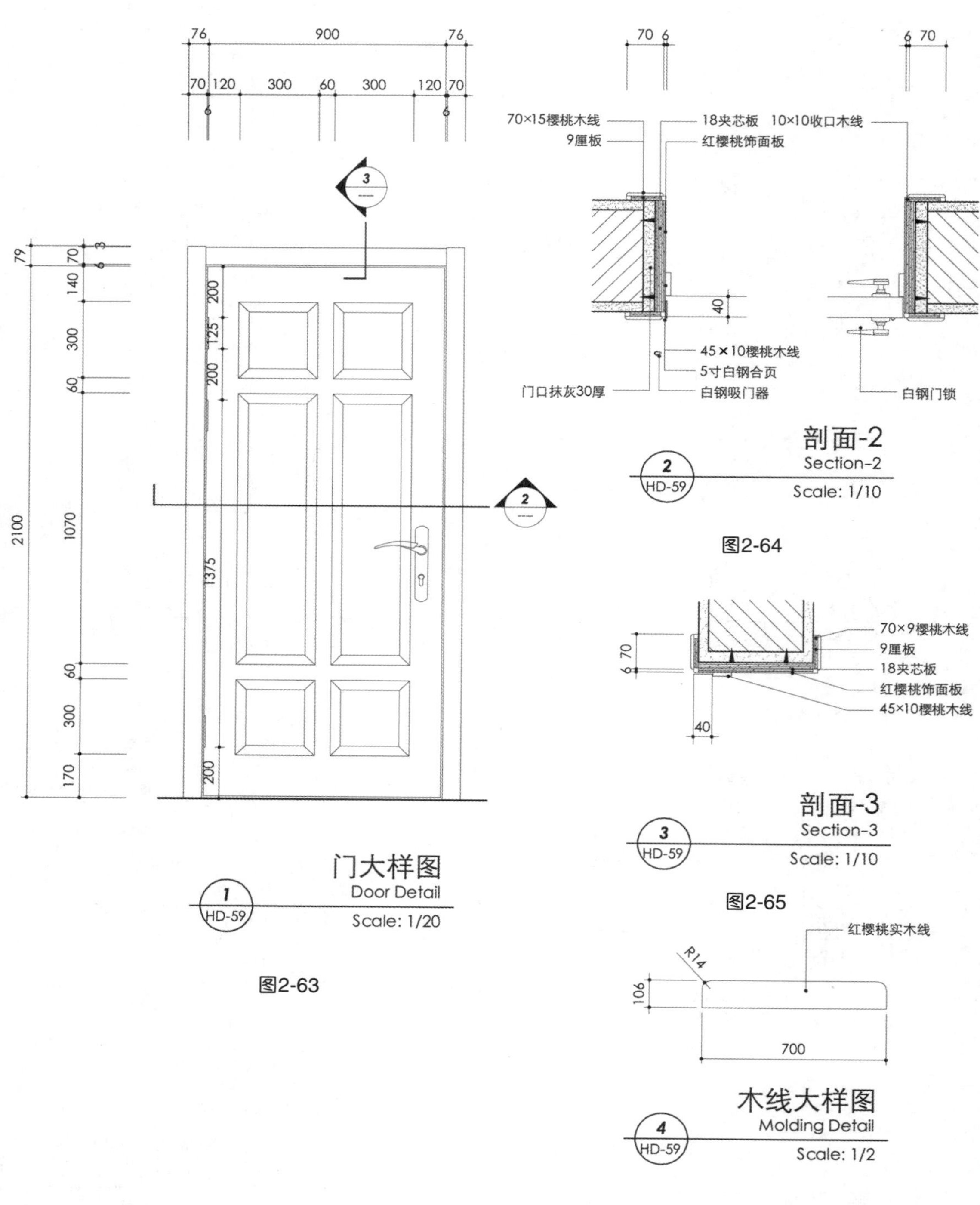

图2-63

图2-64

图2-65

图2-66

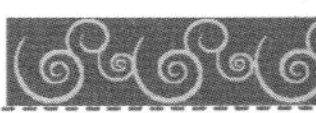

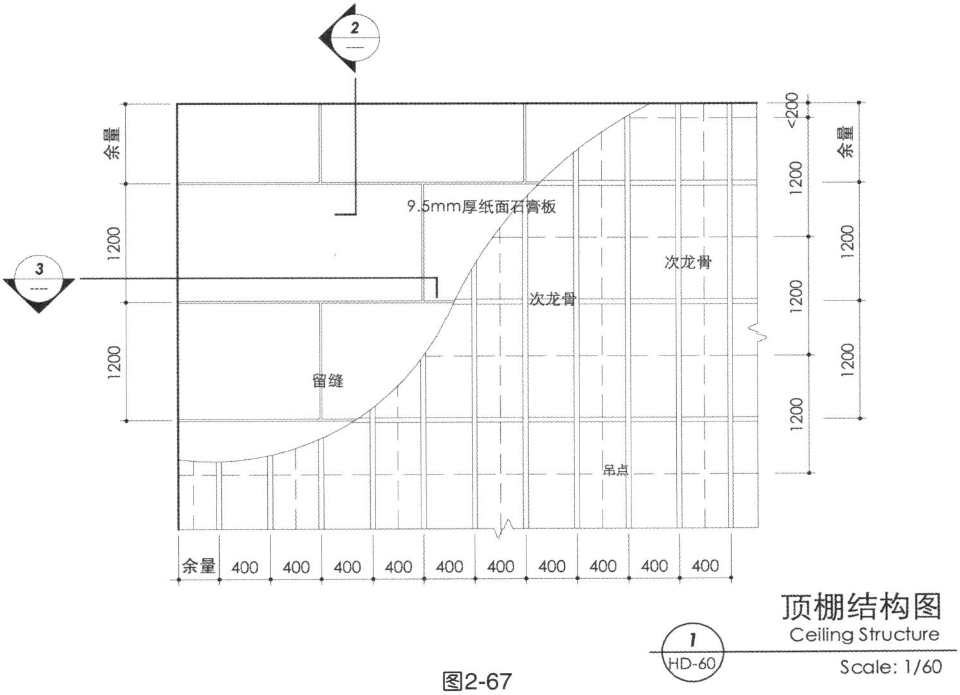

余量
1200
1200
余量
<200
1200
1200
1200
1200
1200
9.5mm厚纸面石膏板
次龙骨
次龙骨
留缝
吊点
余量 400 400 400 400 400 400 400 400 400 400

顶棚结构图
Ceiling Structure
1
HD-60
Scale: 1/60

图2-67

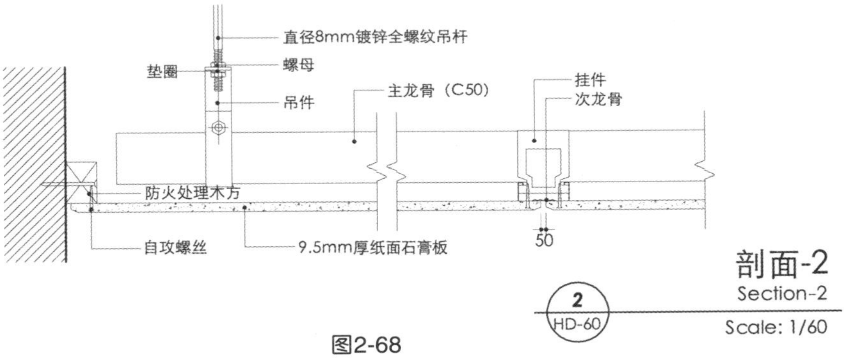

直径8mm镀锌全螺纹吊杆
垫圈
螺母
吊件
主龙骨（C50）
挂件
次龙骨
防火处理木方
自攻螺丝
9.5mm厚纸面石膏板
50

剖面-2
Section-2
2
HD-60
Scale: 1/60

图2-68

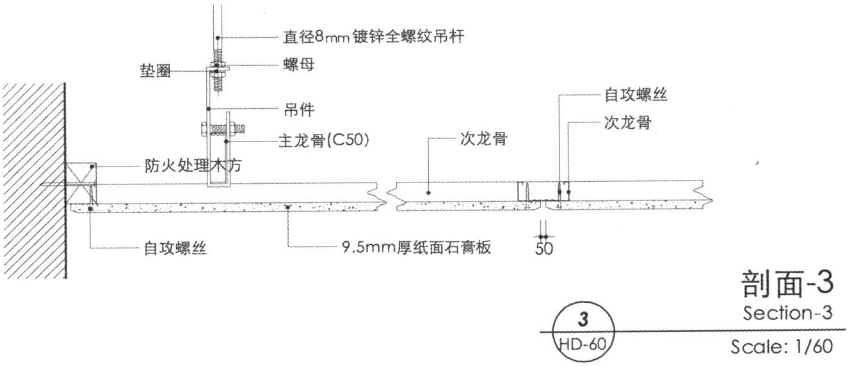

直径8mm镀锌全螺纹吊杆
垫圈
螺母
吊件
主龙骨(C50)
次龙骨
自攻螺丝
次龙骨
防火处理木方
自攻螺丝
9.5mm厚纸面石膏板
50

剖面-3
Section-3
3
HD-60
Scale: 1/60

图2-69

02

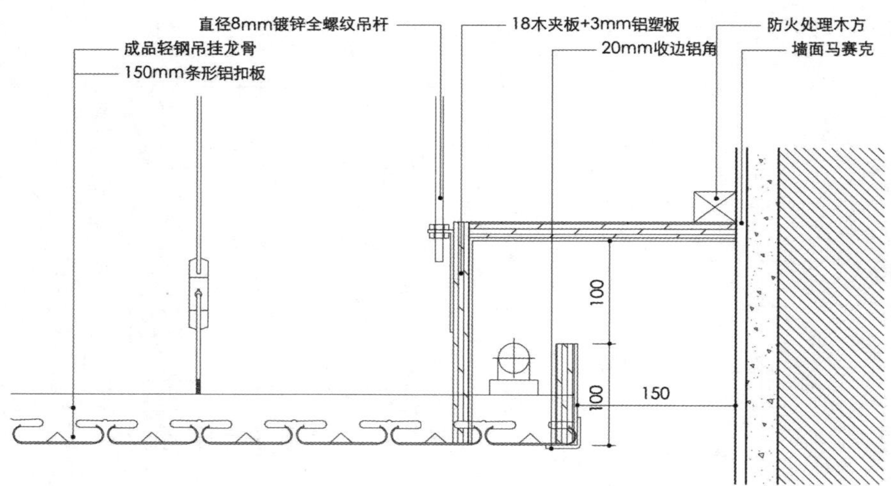

卫生间铝条板吊顶横向剖面图
Section of Bathroom Ceiling-1
1 HD-61
Scale: 1/6

图2-70

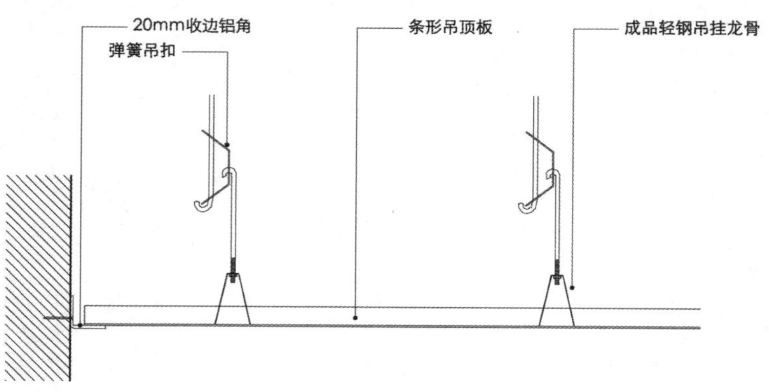

卫生间铝条板吊顶纵向剖面图
Section of Bathroom Ceiling-2
2 HD-61
Scale: 1/6

图2-71

本章小结

掌握正确的思考方法和工作程序是完成设计工作的基础和前提。要想准确地传达自己的设计想法，其手段就是语言沟通和设计图纸。图纸包括草图、效果图、施工图等。因此，按照本章的内容进行规范、系统的学习，是十分必要的。

思考与练习

1．居住空间设计是一项复杂的系统工程，根据设计的进程，居住空间设计通常分为哪几个阶段？

2．根据本章的内容和实际案例，结合课程学时要求，列出一份居住空间设计进度表。

3．临摹一套施工图纸。

第3章 居住空间设计风格定位

学习目标

了解中西方居住空间设计的风格，熟悉现阶段比较典型的几种居家设计风格特点与形式，能够根据典型的设计语汇进行设计创作工作。

不同风格居住空间的形式、特点与式样；文化性在空间中的传达。

针对业主提供的给定条件(包括业主的身份、年龄、气质、民族、文化背景、经济状况、家庭成员、好恶、对空间规划的想法或要求以及装修预计支出等)及沟通时所搜集到的各种信息后，可以根据业主期望营造的环境氛围、造型格调明确空间的“风格定位”，这将决定居住空间的设计品位。设计品位是指个人的喜好和“品格味道”，也是表现每个人、每个空间不同个性的部分。无论收集多少信息，最终没有设计出品位和风格，也不能成为令人满意的设计作品。如今国内各种生活样式的流行，使居住空间中的风格追求占据了主导地位。现实中，让人去适应规定好的风格样式这种做法比较多。无论北欧讲究人性化、回归自然；西欧体现浪漫、人情味、推崇个性；中欧设计与工艺结合，趋于理性化；北美物质技术基础强，风格交融、大气；还是亚洲考虑传统与现代的沟通，精工细作，它们都体现了后工业社会的工业化、个性化的特征。具体的设计风格有：图3-1所示的美式古典主义风格、图3-2所示的东南亚风格、图3-3所示的中式风格、图3-4所示的简约风格。

大多数业主是不了解设计风格的，也不大清楚自己的喜好，因此在选择居家风格时经常受到当时装饰潮流的影响，简约、现代、混搭时尚成为当今家装设计风格选择中的主流。如果以当时的流行风格作为选择，等到潮流退却了，才惊觉自己家的装饰已经落伍。房子毕竟不能等同于衣服或鞋子，随时都可以更换，因此，室内建筑师或室内设计师应深入了解各种居室装饰风格的历史沿革与装饰特色，掌握展现不同风格所运用的装修要素、家饰及色彩的搭配，为业主提供全面的设计风格解说，正确地运用其设计手法和设计语汇，以此形成具有统一的设计语言和整体风格特征的空间形态设计，如图3-5和图3-6所示。

图3-1

图3-2

图3-3

图3-4

图3-5

图3-6

今后，按照个人品位来考虑室内装修的做法将被重视起来。从居住空间所体现出的品位特征，我们可以向业主提供以下一些词汇。

图3-5：以黑白为主色调的空间。

图3-6：餐厅的型、色、材质、陈述风格与客厅的高度统一。

(1) 豪华：展现了空间高投资、高品质的特征，有着奢侈豪华的空间氛围。如果品位高的话能够使空间显得优雅，反之则会显得庸俗拜金。

(2) 优雅：在欧美，是指投资高且优雅的状态，在东方语汇中，则有优雅、柔软的女性特征。

(3) 阳刚：具有男性化的特征，准确地说是阳刚加都市。阳刚，也可以和其他品位组合。

(4) 柔美：具有女性化的特征，接近优雅，也可以展现为柔和美好且别具一格。

(5) 阳光：并不是专指年轻人喜欢的品位。朝气蓬勃、爽朗的感觉与年龄无关。也有与舒适感相同的语义，不过两者还是具有一定差别。

(6) 正式：注重形式、带有仪式感的、正式的、形式主义的风格。这种空间既可以是时尚的、现代的，也可以是传统的。这种空间遵循形式感的格调、布局和物品摆放井然有序。

(7) 非正式：与正式的秩序感相反，不是形式主义，更不受形式主义的限制，喜欢自由式的生活和空间布局方式，对过于紧张具有形式感的东西敬而远之。

(8) 都市：带有精致的、都市感的特征，空间风格兼容城市文化及时尚潮流。感觉上精致细腻，但不生硬，是经过揣摩后十分个性化的风格，经过仔细推敲后给人耳目一新的感觉。

(9) 乡村：具有民间的艺术情调、手工制作的风格，空间有着原始气息。虽然在空间风格上欠缺智能化，但并不意味着简陋，空间体现朴素、温暖，能够展现生活的原汁原味。

(10) 简单：指简单的感觉，是经过选择后的精简，与单纯的简单(简朴、质朴、简陋)是不同的。

(11)别具一格：体现个人兴趣和极具个性化的风格。我们经常看到美国人用绘画、照片、艺术品等装饰布满墙壁，用花卉图样配花边、饰边等装饰房屋。但用卡通人物玩具、毛绒玩具等堆满青少年的房间，还远没有达到别具一格的程度。

(12) 幽默：带有创意的、诙谐的、有趣的、趣味性的特征。

经过20多年的逐步发展和信息环境的变化，我国的居住空间设计风格已经从模仿、消化开始走向逐步创新和个性生成的阶段。人们有更多的机会接触国内外优秀的住宅空间设计，了解更多的室内设计大师的先进思想。中国当代的住宅空间设计领域呈现出百家争鸣、百花齐放的繁荣景象。

3.1　欧式古典主义风格

欧式古典主义风格自拜占庭帝国开始，受到罗马式、哥特式、文艺复兴式、巴洛克、洛可可以及帕拉第奥的多元影响，焕发出古典与奢华的经典光芒。提到古典风格，华丽的线板装饰、罗马柱、脚线、壁炉等装饰元素，卷曲的C形、涡卷状的图案以及犹如宫廷式的挑高空间，都是古典风格的要素。但古典风格到了现代，除了传统的英式与法式等所谓的“欧式古典”之外，还有新古典风格，以及现在最流行的现代古典。英式与法式古典各有不同的语汇和传统，呈现的是华丽中带有稳重高贵的气质；新古典主义风格主要以美式风格为主，采用简约大方的形式；现代古典则有奢华、人文及更加利落的表现。

3.1.1　传统古典主义风格

传统古典主义风格起源于欧洲大陆，到了现在多以英式与法式古典风格为主。由于传

统的空间装饰语汇来自宗教传统，因此无论是柱头还是线板，均讲究高贵、宽广的气质。拱门、罗马柱造型是传统古典风格不可缺少的设计语汇。17、18世纪的巴洛克与洛可可风格是传统古典高贵、奢华和优雅的代表，大量使用珍珠、兽脚、花叶以及几何图纹的装饰手法，是当时流行的设计语汇。总的来说，繁复精细的装饰、使用高级装饰材料、讲究手工制作的质感以及使用经典的家具，均是传统古典主义风格最为显著的特色，如图3-7和图3-8所示。

图3-7

图3-8

传统古典主义居家风格的设计语汇如下。

(1) 优雅的拱门、精细的雕花和涡卷形式，如图3-9所示。

(2) 从栏杆、窗花、镜子到各种家具中的花卉、兽纹与贝壳纹样，如图3-10所示。

图3-9

图3-10

(3) 利用木片、镏金薄铜片、金箔及拼贴镶嵌技法制作的柜子。

(4) 山形墙、尖拱、圆拱及线板形式的挪用。

图3-10：传统古典主义家具中会配以精细的花卉、兽纹等图案。

(5) 优雅的C形曲线、精细的雕花和涡卷形式的反复出现。

(6) 从剧场的设计转化而来的窗帘盖头形式，如图3-11所示。

(7) 古典壁灯增加装饰性，营造优雅的环境氛围。

(8) 传统古典主义风格讲究比例与对称，目的是提升空间的严整度，如图3-12所示。

图3-11

图3-12

3.1.2 新古典主义风格

新古典主义的起源是美式古典，以讲究简单的线条造型为理念，在外观上化繁为简，并追求古典时期的平衡与秩序。不过新古典主义设计风格在美国东部与西部因地域不同而有形式上的差异。美国东部的新古典主义人文气息浓厚，除了装饰较多外，也承袭了传统古典主义讲究优雅与奢华的装饰性；美国西部的新古典主义则更加简约，装饰性相对较低。这种糅合多种元素的设计风格也因为既有历史感又能更趋近当时新兴中产阶级的崛起背景，而普遍受到了社会上层人士的青睐，如图3-13和图3-14所示。

新古典主义居家风格的设计语汇如下。

(1) 简化的长方形、正方形及圆形的几何图形的线形语汇，体现了匀称与典雅的空间质感，如图3-15所示。

图3-13

图3-14

图3-15

(2) 壁炉造型是古典主义风格不可或缺的元素，极具装饰效果，如图3-16所示。

(3) 讲究比例以及对称的设计手法，展现严谨的秩序感。

(4) 大理石拼花，主要用于玄关、通道及两个空间的界定点，如图3-17所示。

图3-16

图3-17

(5) 简化的线板替代装饰多样的线板，使空间看起来更加简洁，如图3-18所示。

图3-18

3.1.3 现代古典主义风格

所谓现代古典，就是从古典风格延伸转化而来，适合都市空间的设计风格，它糅合了传统古典主义的奢华气息、新古典的简单利落及现代设计的摩登与时尚，以能在都市中突显新贵族身份的风格为主，如图3-19和图3-20所示。

图3-19

图3-20

这种风格糅合了多样化的设计语汇，也会随着地域的不同带出不同的城市时尚风格。从线条简约的现代家具到东方风情或中式人文气息的家具，都带有现代古典主义风格的特色。

现代古典主义居家风格的设计语汇如下。

(1) 色调中加入了金银以突出奢华时尚的气息，如图3-21所示。

(2) 装饰线条趋于简单，家居则讲究质感的呈现，力求在奢华与简练之间取得平衡。

(3) 新旧、东西相融合的冲突感。

(4) 深浅对比的视觉效果。

(5) 玻璃、不锈钢和镜面的运用，搭配灯光营造丰富的光影与空间层次，如图3-22所示。

图3-21

图3-22

图3-20：现代古典融汇了都市时尚与古典奢华的气质。

3.2 美式居家风格

美国是一个崇尚自由的国家，这也造就了其自在、随意不羁的生活方式，没有太多造作的修饰与约束，不经意中也成就了另外一种休闲式的浪漫。美国的文化以移民文化为主导，从早期欧洲的英属殖民地时期与墨西哥、西班牙文化融合出的牛仔文化，南北独立战争时期为奴役的非裔美国人保存的西非文化，第一次、第二次世界大战融入的亚洲、塔希堤、印度等文化，逐渐形成独特的美式居家风格。因此在美国，不叫“美式风格(American style)”，而是“联邦式风格(Federal style)”。它有着欧罗巴的奢侈与贵气，但又结合了美洲大陆这块水土的不羁，这样结合的结果是剔除了许多羁绊，但又能找寻文化根基的新的怀旧、贵气加大气而又不失自在与随意的风格。美式居家风格的这些元素也正好迎合了时下的文化资产者对生活方式的需求，即有文化感、贵气感，还不能缺乏自在感与情调感。所以美式居家风格适合具备一定的经济基础，偏爱西方生活方式的白领，他们追求舒适，兼顾优雅，既注重起居品质，又不过分张扬，如图3-23和图3-24所示。

图3-23

图3-24

美式居家风格讲究简洁，因此细节处理就显得十分重要。美式居家风格的家具一般采用纹路清晰的硬木，如胡桃木、枫木、桦木和橡木等，突出木质本身的特点；以单一油漆为主，不像欧式家居大多会加一些金色或其他色彩的装饰。在装饰上，美式家具沿用了欧洲家具的风铃草、麦束和瓮形装饰，在美国还有一些象征爱国主义的图案，如鹰形图案等；在家居布置上，注重实用性及低调的奢华。

这种设计风格融汇了多元化的风格美学，最常见的属传统古典主义、美式乡村与殖民风格，再者则是现代都市与混搭的美式居家风格。

3.2.1 美式传统古典居家风格

美式传统古典居家风格，其优雅、耐人寻味的品位历经200多年欧洲装饰风潮的影响，仍然保持着精致细腻的品质，如图3-25～图3-27所示。

美式传统古典居家风格的设计语汇如下。

(1) 传统美式风格在颜色上以深红色、绿色和骆色为主基调，如图3-28所示。

图3-25

图3-26

图3-27

图3-28

(2) 室内装饰以线板搭配为主，平面配置均以正式对称空间为主。

(3) 一般正式的古典空间均配置高大的壁炉、独立的玄关和书房，如图3-29所示。

(4) 门窗以双开落地的法式门和能上下移动的玻璃窗为主。

(5) 地面的材质以深色、拼花木地板为主。

(6) 装饰上，黄铜把手、水晶灯、高品质的锦缎、流苏及古典印花图案、质感浓稠的油画作品、具有东方色彩的波斯地毯或印度图案的区块地毯均是设计中不可或缺的装饰语汇。

图3-28：以深红色为主基调的空间具有沉稳厚重感。

图3-29

(7) 此外，实木橱柜搭配大理石台面是美式厨房的重要特征。

(8) 多用壁纸作为墙面装饰。

3.2.2　美式乡村居家风格

淳朴与真诚，对大自然的无限向往，美式乡村风格给了我们享受另一种生活的可能。

美式乡村居家风格摒弃了烦琐和奢华，并将不同风格中的优秀元素汇集融合，以舒适机能为导向，强调“回归自然”，使这种风格变得更加轻松、舒适。美式乡村居家风格突出了生活的舒适和自由，不论是感觉笨重的家具，还是带有岁月沧桑的配饰，都在告诉人们这一点，特别是在墙面色彩的选择上，自然、怀旧、散发着浓郁泥土芬芳的色彩是美式乡村居家风格的典型特征，如图3-30所示。

美式乡村居家风格的设计语汇如下。

图3-30

(1) 色彩以自然柔和的色调为主，如牛奶白，给人明快、不造作的清新可人的感受，如图3-31所示。

(2) 碎花、格子棉布或条纹布料，用于沙发、抱枕及窗帘，诠释生活的舒适质感，如图3-32所示。

图3-31

图3-32

(3) 格子窗或百叶窗，体现淡雅的田园气息。

(4) 木藤家具与铸铁装饰品，展现乡村浓厚的休闲气息，如图3-33所示。

图3-33

(5) 原木、具有粗犷质感的家具展现温润的触感和岁月痕迹。

(6) 简化的线板及家具线条营造轻松的空间质感。

3.2.3　美式殖民居家风格

美国殖民地时期始于17世纪初第一批殖民者踏上美洲土地时，到1776年《独立宣言》发布时结束，移民者的出生地和祖籍国家影响着当地的宗教风格，但当地的物质资源条件，尤其是丰富的木材资源和移民者的特殊技能等因素使得18世纪中期欧洲的设计风格演变成了一种独特的美洲风格，如图3-34和图3-35所示。

图3-34

图3-35

美式殖民居家风格的设计语汇如下。

(1) 深色木条墙面和柚木、花梨木或桃花心木的地坪。

(2) 天花上的吊顶风扇、木叶窗与草编卷帘；锻铁枝形吊灯。

(3) 玻璃雕刻的花卉烛台、油灯、古典银器、铜器；具有非洲特色的木雕；用于旅行托运的皮箱、藤箱、木箱，都是美式殖民居家风格装饰的体现。

(4) 空间色调以天然的亚麻色、米色和白色为主色调。

(5) 布料采用通风较佳的亚麻、蕾丝，并印有热带花卉、兽皮斑纹等图案。

3.2.4　美式现代都市居家风格

美国是一个移民国家，几乎世界各主要民族的后裔都有，因此出现了多样化的设计风格，其中尤其受英国、法国、德国、西班牙以及美国各地区原来传统文化的影响较大，彼

图3-34：皮箱、导演椅构成了旅行托运的殖民感觉。

图3-35：非洲饰品也是美式殖民居家风格中颇具代表性的装饰元素。

此互相影响、互相融合，呈现出多元的丰富多彩的国际化倾向。美式现代都市居家风格，融汇了众多的历史与文化元素，既能传达美洲的怀旧情感，又兼容城市文化及时尚潮流，如图3-36和图3-37所示。

图3-36

图3-37

美式现代都市居家风格的设计语汇如下。

(1) 家具线条简单，多以布面家具为主，皮制家具为辅，讲求舒适、线条简洁与质感兼具之特色。

(2) 空间色调温暖，多以中性暖色的墙漆或壁纸取代偏冷的白墙。如图3-38所示，壁纸使空间变得温暖，富有生活气息。

(3) 展示现代都市风格的地毯。

(4) 突出木质触感的硬木地板。

(5) 展现个性和品位的艺术装饰，如图3-39所示。

图3-38

图3-39

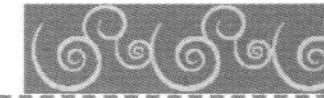

3.2.5　新旧混搭美式居家风格

混搭精神强调布尔乔亚(Bourgeois)与波西米亚(Bohemian)的艺术气质，它摆脱了传统套式的整体设计手法，将不同时代、不同造型、不同风格、不同材质的家具和装饰品整合在一起，追求个性化与冲突美感，相互融合又相互影响。混搭风格看似随性，但并不是杂乱无章的装饰堆砌，具有注重装饰细节，巧妙融合旅行、文化、多种风情于一体的特点，展现空间的故事性、品位性和趣味性，如图3-40所示。

新旧混搭美式居家风格的设计语汇如下。

(1) 利用不同形态、质感各异的家具，因风格配搭而突显品位。例如，乡村风格的布艺沙发与传统古典的软包皮质座椅的组合；白色木质壁炉与时尚黑色水晶吊灯的组合等，如图3-41所示。

(2) 空间中的壁纸、彩漆虽然在色相上、质感上有明显区别，但纯度、明度相同，差异性较强，但风格融合一致。

(3) 突出差异性带来的个性化，只要家具的质感好、设计好、工艺精良，都可以搭配设计。如图3-42所示，中西文化的空间融汇。

图3-40

图3-41

图3-42

美式居家风格呈现出丰富、多元的国际化倾向。它融合了美国人自由、活泼、善于创新等人文因素，使得美式居家风格成为国际上先进、人性化又富有创意的代表。

3.3　田园风格

在钢筋水泥为支撑的现代都市中，人们奔波于快节奏的工作场所和狭窄的蜗居之间，生活的压力和生存的竞争使人们对自然有一种深深的眷恋之情。回归自然的风尚无疑能帮助他们减轻压力、舒缓身心，在当今高科技快节奏的社会生活中获取生理和心理上的平衡，也能够迎合他们亲近自然、休闲、舒畅、恬静的田园生活的需求。因而在室内设计流派纷呈的今

天，崇尚自然、返璞归真的田园风格久盛不衰，成为现代居家设计的一种重要趋势。有些东西总是能保留很久，角落的一件旧橱柜，就可以增加空间中的厚重感，让我们从喧嚣中回到了清静的田园，如图3-43和图3-44所示。

图3-43

图3-44

原木、复古砖、天然石材、粗麻或粗布织品等简朴而带有自然风味的材料，总能让人联想到大自然的清新，显示出悠远的乡土气息。

田园风格的内涵是多元和丰富的，它不只是一种田园与怀旧的气氛，同时也可能是一种地区特质的呈现。因此，田园风格可以分为欧式(法式、英式和南欧式)、美式、日式，以及应现代都市生活发展出来的“现代田园”。图3-45所示为美式田园，图3-46所示为日式田园(和、雅、清、寂)。

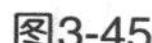

图3-45

图3-46

图3-43：田园风格的关键词——自然、质朴、悠闲。

图3-44：回归是现代居家设计的一种重要趋势。

3.3.1 欧式田园风格

欧式田园风格大致上可分为法式、英式与南欧式风格。法式田园风格轻快流畅；英式田园风格严肃但典雅；南欧田园风格则讲究与自然光线的结合和活泼的气质。

(1) 法式田园风格在整体上吸收了法式宫廷风格，在温馨的氛围中展现优雅的质感；着重弧线、曲线的线条张力；色彩明快；材质上多以樱桃木和铁艺相结合；外形简洁、尺寸纤细精巧，如图3-47所示。

图3-47

图3-48

(2) 南欧田园风格以大地色系为主要视觉印象，如意大利田园常出现向日葵田或阳光般的金黄色，法国南部土壤的棕红色、薰衣草的紫色，以及地中海的蓝色、浪花的白色等都是常见的色彩。南欧田园风格的背景以简朴的石灰色为主，地板、墙面经常采用原始的石材，也会使用大量的陶和瓷砖，材质及线条的运用粗犷朴实，天花板上的实木条为空间增加了自然活泼的气质以及温馨与情趣，如图3-48和图3-49所示。

(3) 英式田园风格是居家中比较受欢迎的一种，空间中常以铁件和原木材质来体现细致典雅，比例上较为均衡，布料常使用偏亚麻的质感，大量的印花纹样也是英式田园的特色之一，如图3-50和图3-51所示。

此外，充足的自然光、复古砖、细小的拼花、实木、铁制饰品、实木条打造的天花板以及绘画、雕刻、工艺品和精美的小块壁毯都是欧式田园风格的重要设计元素。

图3-49

图3-47：具有优雅宫廷气质的法式田园风格。

图3-48：田园风格设计要突出空间温馨的气息。

图3-49：田园风格的卫生间墙面做法朴实，做工细腻。

03

图3-50

图3-51

3.3.2 现代田园风格

现代田园风格可分为摩登田园风格和日式田园风格两个方向。摩登田园风格保留了欧式与美式田园风格的形式和语汇精神而加以转化和使用，适合都市空间的设计风格，从线条简洁的现代派到带有东方风情或中式人文气息，摩登田园融汇了多样化的设计语汇，随主人的个性而使用不同的元素。日式田园风格延续了田园风格中轻柔的基调，同时利用手工饰件或杂物布置来展现素朴与舒适的空间氛围，如图3-52所示。

现代田园风格的设计语汇如下。

(1) 风格上讲究现代时尚，讲究质感甚于装饰细节，如图3-53所示。

图3-52

图3-53

图3-52：玻璃砖突出了质朴的木材质感，透光不透视，使自然光得到了充分利用。

图3-53：偏亚麻的布料质感与柔软的地毯，使空间舒适而时尚。

(2) 利用跳色手法，在比例上创造视觉效果也是现代田园风格的特色之一。

(3) 水泥材质、盘多磨地坪、釉面陶瓷锦砖，与欧式田园风格大量使用木质建材的做法截然不同。

(4) 利用色彩的明暗对比和玻璃、不锈钢、镜面的折射产生的空间效果增加空间层次。

(5) 讲究自然的户外景致与室内的休闲空间相融合，如图3-54所示。

图3-54

3.4 中式风格

中国具有悠久而独特的发展历史和鲜明的文化特征，其内在文化意识和精神是我们民族艺术设计的财富。在欧式、简约等异国风潮盛行的今天，弘扬民族传统文化显得尤为重要。《浮生六记》曾用“大中见小，小中见大，虚中有实，实中有虚，或藏或露，或浅或深，不仅在‘周回曲折’四字也”经典地阐释了中国传统丰富的空间设计手法。空间组合的围与透、衔接与过渡、重复与再现等手法演化出室内风格，反映了中国独特的文化境界，如图3-55和图3-56所示。

中式风格的典型特征：以青灰、粉白、棕色等为主色调，在陈设上采用明清时期风格的家具和器物，再配以书画、古玩，处处体现出怀古情趣；墙上挂上几幅名人或文人墨客感悟人生的条幅或数枝瘦竹，显示出清雅、淡远的意境。整个居室散发出一种优雅的文化气息，因此深受我国知识分子的青睐，如图3-57和图3-58所示。

图3-55

图3-56

图3-54：现代田园特别讲求室内外的融合，将自然引入室内空间。

图3-57

图3-58

在现代中式装饰风格的住宅中，空间装饰多采用简洁、硬朗的直线条，有些家庭还会采用具有西方工业设计色彩的板式家具与中式风格的家具进行搭配。直线装饰在空间中的使用，不仅反映出现代人追求简单生活的居住要求，更迎合了中式家居追求内敛、质朴的设计风格，使中式风格更加实用、更富现代感。

中式风格的设计语汇如下。

(1) 借鉴中国古典园林中“步移景异”的设计手法，在空间转折的过程中加入“参照物”，营造空间丰富的视觉效果，如图3-59所示。

(2) 公共区域多采用对称式布局来体现中庸和大气，如图3-60所示。

图3-59

图3-60

图3-57：中式风格家具洗练的线条与书法，使空间变得清雅、淡远。

图3-59：中式空间设计特别注意空间层次的变化，常借鉴“移步换景，步移景异”的设计手法。

(3) 运用板壁、隔扇、幔帐、花罩和屏风等分隔空间。可以说，造型洗练、工艺精致的木装饰已成为现代中式风格居家设计的主要内容，如图3-61所示的中式小条案与绣屏。

(4) 色彩上，居住空间以素雅色为主色调。

(5) 空间中的主体装饰物为中国画、宫灯、古玩和紫砂陶等传统饰物，数量不多，但在空间中却能起到画龙点睛的作用，如图3-62所示。

(6) 圈椅、官帽椅是明式家具的代表作，它们造型合理、线条简洁，在控制整体空间风格中可起到重要作用，如图3-63所示。

图3-61

图3-62

图3-63

3.5　现代简约风格

现代简约风格已经大行其道十几年了，其仍然保持着很猛的势头，这是因为人们装修时总希望在经济、实用、舒适的同时，体现一定的文化品位。而现代简约风格不仅注重居室的实用性，还体现出了工业化时代生活的精致与个性，符合现代人的生活品位，如图3-64和图3-65所示。

图3-64

图3-65

现代简约的设计风格强调功能为设计的中心和目的，讲究设计的科学性，重视设计实施时的科学性与方便性；在形式上，提倡非装饰的简单几何造型，但技术精密，细节展现空间品质；在色彩上，提倡对比关系，展示个性、情感；在设计对象的费用和开支上，把经济问题放到设计中，从而达到实用、经济的目的。

现代简约风格的设计表现如下。

(1) 形式追随功能，注重空间的实用性，反对虚伪的过度装饰，注重居住要求和身体健康的“洁净精神”，生产与美学并重，如图3-66所示。

(2) 设计手法着重空间处理，追求设计的几何性和秩序感以及空间线条简约流畅。

(3) 注意色彩与材质的个性化运用，要求空间色彩对比强烈，并要充分考虑光与影在空间中所起的作用，如图3-67所示。

图3-66

图3-67

(4) 简洁的造型、金属灯罩、玻璃灯、高纯度色彩、线条简洁的家具、到位的软装配饰都是现代简约风格不可或缺的元素，如图3-68和图3-69所示。

图3-68

图3-69

图3-66：简约风格通常采用减法设计纯净的视觉空间。

图3-67：简约风格中常使用对比强烈的色彩(设计：王晓东、王仁杰)。

图3-68：简练的线条、细致的工艺、玻璃等都是简约风格不可或缺的元素(来源：宜家家居)。

图3-69：富有金属质感、少而精的装饰品可提升空间品质。

(5) 空间具有明显的时代感，必须与历史上的传统风格迥然不同，如图3-70和图3-71所示。

图3-70

图3-71

(6) 金属是工业化社会的产物，也是体现简约风格最有力的设计元素之一。大量使用钢化玻璃、不锈钢、镜钢等新型材料作为辅材，也是现代风格居家的常见装饰手法，能给人带来前卫、不受拘束的感觉。

3.6 东南亚风格

03

东南亚风格是将东南亚民族岛屿特色及精致文化品位相结合的一种设计风格。杜拉斯《情人》里的湄公河，承载着历史的吴哥窟，《非诚勿扰2》中的“鸟巢”……神秘的东南亚风情让多少人为之痴迷和神往。正是因为它独有的魅力和热带风情，许多时尚人士煞费苦心地将自己的居室打造成典型的东南亚风情。由于东南亚风格的空间氛围飘逸着轻盈慵懒的华丽，色彩搭配斑斓高贵，独特的宗教信仰为空间带出拙朴的禅意和别样的异域风情，因此深受现代青年人的追捧，如图3-72和图3-73所示。

图3-72

图3-73

东南亚风格的设计语汇如下。

(1) 崇尚自然、原汁原味的天然材质。木材、藤和竹成为东南亚风格室内装饰首选，以原藤原木的原木色色调为主，或多为褐色等深色系。原木的天然材料搭配布艺的恰当点缀，非但不会显得单调，反而会使气氛相当活跃；东南亚风格家具的设计抛弃了复杂的装饰线条，

图3-70和图3-71：简约风格装饰的细部处理。

取而代之以简单整洁的设计，为家具营造了清凉舒适的感觉，如图3-74和图3-75所示。

图3-74

图3-75

(2) 色彩搭配香艳、斑斓、高贵。香艳的紫色是营造东南亚风格的必备，它的妩媚与妖冶让人沉溺。但色彩搭配的比例要适中，不然会流于媚俗。在传统的东南亚家居中，空间主色调以芥末黄或橙色居多，其次为浓烈的橘红色、香艳的黄色、神秘的紫色，以及明丽的绿色、蓝绿色。这些都是体现东南亚风情的主要色彩，只要与家具搭配得当，这些色彩都是非常动人的，如图3-76和图3-77所示。

图3-76

图3-77

(3) 木石结构、砂岩装饰、墙纸的运用、浮雕、木梁、漏窗……都是东南亚传统风格设计中不可或缺的元素，如图3-78和图3-79所示。

图3-74：藤、竹等热带原材料是东南亚室内装饰的首选。

图3-75：清凉舒适的水疗空间。

图3-76：东南亚风格色彩搭配效果：香艳、斑斓、高贵。

图3-77：以橙黄色为主色调的空间华丽，充满浪漫的异国情调。

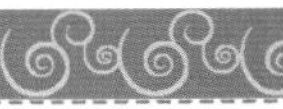

图3-78

图3-79

(4) 拙朴禅意的手工饰品。东南亚装饰品的形状和图案多和宗教、神话相关，如图3-80和图3-81所示。芭蕉叶、大象、菩提树、莲花等是装饰品的主要图案，为看似简单的空间增添了几分禅机。

(5) 艳丽轻柔的纱幔、色彩妩媚的泰丝靠垫或抱枕，泰丝的流光溢彩、细腻柔滑，在居室随意放置后漫不经心的点缀作用是成就东南亚风情最不可缺少的道具，如图3-82所示。

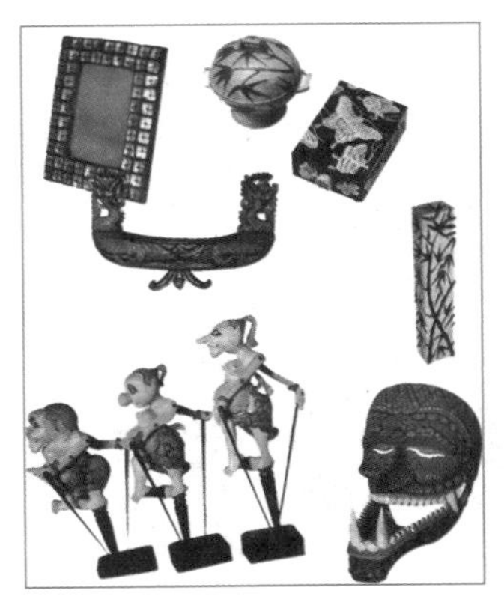

图3-80

图3-81

图3-82

3.7 地中海风格

地中海风格特指沿欧洲地中海北岸一线，特别是西班牙、葡萄牙、意大利和希腊这些国家南部的沿海地区的淳朴民居住宅风格。想象一下，白色的沙滩与碧海蓝天连成一片，沐浴在夏日海岸明媚的气息里的白色村庄……具有浪漫主义气质的地中海文明一直都在很多人心中蒙着一层神秘的面纱，给人一种古老而遥远的感觉。地中海风格多采用柔和的色调和大

图3-78：浮雕、粗糙的石材砂岩都是东南亚风格中常用的装饰元素。

图3-79：漏窗在背景墙、空间隔断中起了突显设计风格、营造氛围的作用。

图3-82：泰丝靠垫、抱枕在气氛渲染上也起到了画龙点睛的作用。

气的组合搭配，深受人们的喜爱。彩色瓷砖、铸铁把手、厚木门窗和阿拉伯风格水池营造出极具亲和力的海洋气息。自然而有点粗糙的表面处理，加上水洗木与粗麻家具，置身其中，凭海临风，内心顿有轻舞飞扬之感，主人翁的浪漫情怀呼之欲出。地中海风格注重表现自然质朴的气息和浪漫飘逸的情怀，因此，“自由、自然、浪漫、休闲”是地中海风格居家的精髓，如图3-83和图3-84所示。

图3-83

图3-84

地中海风格的设计语汇如下。

(1) 拱形门窗(拱门与半拱门、马蹄状的门窗)。建筑中的圆形拱门及回廊通常采用数个连接或以垂直交接的方式，在走动观赏中，出现延伸般的透视感。此外，家中的墙面处(只要不是承重墙)，均可运用半穿凿或者全穿凿的方式来塑造室内的景中窗，这是体现地中海家居风格浪漫情趣的必要特征，如图3-85所示。

图3-85

(2) 纯美的色彩方案。地中海风格装修通过以海洋的蔚蓝色为基本色调的颜色搭配方案，自然光线的巧妙运用，富有流线及梦幻色彩的线条等软装特点来表述其浪漫情怀。

地中海的色彩确实太丰富了，并且由于光照充足，所以颜色的饱和度也很高，体现出色彩最绚丽的一面。所以地中海的颜色特点就是，无须造作，本色呈现。地中海风格也按照地域出现了三种典型的颜色搭配。

蓝与白：这是比较典型的地中海颜色搭配。

图3-83：爱琴海的美丽景色。

图3-84：蓝白色是地中海风格的标志性色彩。

图3-85：拱形洞口或连廊是地中海风格的一个重要特征。

西班牙、摩洛哥的海岸延伸到地中海的东岸希腊。希腊的白色村庄与沙滩和碧海蓝天连成一片，甚至门框、窗户和椅面都是蓝与白的配色，加上混着贝壳和细沙的墙面、小鹅卵石地、拼贴马赛克、金银铁的金属器皿，将蓝与白不同程度的对比与组合发挥到极致。这些地区的国家大多数信仰伊斯兰教，而伊斯兰教的主色调为蓝、白两色。

黄、蓝紫和绿：南意大利的向日葵、南法的薰衣草花田，金黄色与蓝紫色的花卉与绿叶相映，形成一种别有情调的色彩组合，具有十分自然的美感。

土黄及红褐：这是北非特有的沙漠、岩石、泥、沙等天然景观颜色，再辅以北非土生植物的深红、靛蓝，加上黄铜，带来一种大地般的浩瀚感觉。

(3) 不修边幅的线条。线条是构造形态的基础，因而在家居中是很重要的设计元素。地中海沿岸对于房屋或家具的线条不是直来直去的，显得比较自然，因而无论是家具还是建筑，都形成一种独特的浑圆造型。白墙的不经意涂抹修整的结果也形成了一种特殊的不规则表面。

(4) 马赛克镶嵌、拼贴在地中海风格中算较为华丽的装饰，主要利用小石子、瓷砖、贝类、玻璃片、玻璃珠等素材，切割后再进行创意组合。

(5) 地中海风格的家具尽量采用低彩度、线条简单且修边浑圆的木质家具。大量采用宽松、舒适的家具来体现地中海风格装修的休闲体验。在室内，窗帘、桌巾、沙发套和灯罩等均以低彩度色调和棉织品为主。素雅的小细花条纹格子图案是地中海家居的主要风格。

(6) 独特的锻打铁艺家具，也是地中海风格独特的美学产物。

(7) 地中海风格的家居还要注意绿化，爬藤类植物是常见的居家植物，小巧可爱的绿色盆栽也常看见。

本章小结

本章列举了现阶段居住空间中常见的、典型的一些主流风格形式及其设计特点，主要目的是使学生通过设计风格的认知，把握设计脉络，帮助学生对居住空间进行个性化设计。设计时应充分考虑历史文脉、建筑风格和环境氛围等相关要素，才能更好地理解空间并进行设计风格的定位。

思考与练习

1．针对需要设计的空间或课题，进行风格定位和资料搜集，并将各功能空间的资料进行筛选和整理，进行设计前的风格描述。

2．做一次市场调研，考察所在地区开盘的样板间，思考所在地域的主流风格与发展趋向。

3．新古典主义风格与传统古典主义风格的区别在哪里？

4．如何做好中式风格的空间设计？

第4章

居住空间的功能分类设计

学习目标

通过对住宅各空间的功能分析和设计要点的学习，使学生把握各个空间的设计要求、布局方式与设计技巧，进而合理地进行空间划分与功能设计。

学习重点

居住空间中不同功能空间的设计要求、设计方法与禁忌。

居住空间设计的重点在于空间，在了解功能要求及勘测原建筑结构、设施、消防、机电设备和管线等情况之后，如何对原有的空间进行科学合理的平面布局、组织整体空间动线和寻找空间关系成为方案设计阶段的关键。住宅空间根据不同的生活用途可分为不同的功能类型区域，如交流娱乐的起居空间、休息空间、工作学习空间和用餐空间等。本章将介绍主要的空间功能及设计要点，为准确的功能布局和流线设计提供依据。图4-1所示为起居室，图4-2所示为餐厅空间。

图4-1

图4-2

4.1 起居室设计

4.1.1 起居室的功能分析

起居室(中国的家居空间中将其称为客厅)是住宅中的公共区域，它是家庭活动的中心，是家庭成员团聚、畅谈、娱乐及会客的空间，也兼备用餐、学习和工作的功能，同时还兼做联系内部空间的交通枢纽。因此，它是住宅内部活动最为集中、使用频率最高、辅助其他区域的核心空间。由于起居室的核心地位，在家居设计中一般都会作为整体住宅的重点来进行构思规划，以此来定义整个空间环境的气质、风格与品位。因起居室的人流较为集中，与其他空间的联系紧密，所以要强调动静分区、流线畅通；因人们在起居室内活动的多样性，它的功能也是综合性的。起居室几乎涵盖了家庭中80%的生活内容，同时，也成为家庭与外界沟通的一座桥梁。起居室功能分析表如图4-3所示。

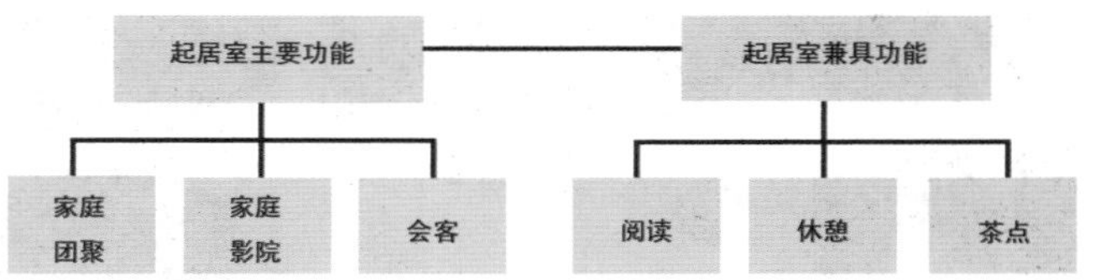

图4-3

起居室作为家的核心，它是家居格调中的主基调，影响着整个空间环境的气质、风格与品位，除了要考虑其休闲、聚会、会客和娱乐等实用功能之外，还要考虑家人的社会背景、爱好、情趣、舒适度和美观等多方面因素，并结合空间特点全面综合地考虑，如图4-4所示。

图4-4

4.1.2 起居室的位置要求

我国的起居室通常作为客厅来使用，多被用来展示家庭的品位和业主的社会地位，这样，位置通常离主入口较近。为了避免一进门就对其一览无余，客厅不会直接通过主入口向户外暴露而使人心理上产生不良反应，最好在入口设置玄关或门厅。作为起居室，应相对隐秘，因此在室内布置时宜采取一定措施进行空间和视线分隔。当卧室或卫生间和起居室直接相连时，可以使门的方向转向一个角度或凹入，以增加隐蔽性来满足人们的心理要求。需要注意的是，尽量避免让客厅的正中央成为各个动线的必经之路，成为交通枢纽式的设计。比较理想的设计，是客厅可以通往日常动线，而且从日常动线上又可以一眼看到客厅。

4.1.3 起居室的布局形式

起居室的平面形状往往影响其使用的方便程度，客厅的尺寸要根据建筑实际情况、家庭成员、来客数量和视听设备要求等进行综合考虑。通常矩形是最容易布置家具的平面形式，适当面积和比例的空间，能提供多样的布局可能性。

(1) L型平面布局(即有两个呈L形的实体墙面)是比较开敞的布局方式，沙发根据墙的转角进行布置，通过天花板的造型、地面的高差等限定起居室的空间范围，这是一种在有限空间中放置多个座位的较为方便的形式，在空间具有流动性的同时对空间有所限定，如图4-5所示。

(2) 相对式布局是三人或双人沙发与单人沙发放置在茶几的两边，形成面对面交流的状态，具有良好的会客氛围，这种布局适合于较为宽敞的空间，如图4-6所示。

(3) U型布局是目前最为常用的沙发布局形式，沙发或椅子布置在茶几的三边，开口向着电视背景墙、壁炉或最吸引人的装饰物。

(4) 分散式布置是一种散漫、随意性较大的布局方式，可根据主人在起居室中的日常生活方式进行最舒适、最便捷的区域流线划分，这种布局十分符合喜好休闲、个性化生活的年轻人。

图4-5

图4-6

(5) 一字型布局是沙发以“一”字形的方式靠墙布置，这种布局所占空间面积较小，适合于面积不大的客厅空间。如图4-7所示，镜子与条形纹理的墙纸、地面大大增加了空间的进深感。

图4-7

正方形起居室不宜于家具的布置，而正多边形、圆形等形状因为平面本身具有强烈的向心性，因而在室内设计中和家具布局上容易形成中心感。不规则的平面形状(如局部是弧形的矩形平面)，可能造就比较活跃的空间气氛。起居室应避免斜穿，可以的话应对原有的建筑布局进行适当的调整，或利用家具布局来巧妙地围合、分隔空间，以保持空间的完整性。

沙发的种类和摆放位置也是需要留意的。通常在商场看到的印象和实际差距最大的家具就是沙发了，所以在购买沙发时一定要注意各种细节，尺寸比例、座面的高度、靠背的高度和坐垫的软硬，都需要认真推敲。否则，本来为了把家人留在客厅花费了一番苦心，却因为空间比例失衡或坐着不舒服而破坏了整个氛围。此外，应了解家庭成员在客厅主要进行哪些活动，再决定摆放的沙发、地毯的样式，茶几和其他物品的摆设布局也要依计而行。因为客厅承担的功能较多，因此在灯光照明方面也要留心。设计师可以多设想几个场景，通过灯光改变客厅的场景和氛围。

4.1.4 起居室的设计要点

由于生活质量的改善，人们对起居室舒适度的要求越来越高。起居室在空间处理上也趋向自由，同时，这里还成为展示个人风格的场所，从中体现主人的品位及家庭气氛。如图4-8所示，简单精致的家具与户外绿化相映，彰显自然恬淡的生活。

图4-8

(1) 要满足居住功能的需要，应具有稳定的可供起居的活动区。

(2) 起居室的家具布置不宜太多，以保证有足够的活动空间。对于较大的起居室，往往层高、开窗、装饰材料和空间尺度等都要有独特的处理，使这里成为展示主人个人风格的场所。目前起居室中通常布置沙发、家庭影院设备、钢琴和工艺品展示柜等能体现主人个人爱好及家庭气氛的陈设和装饰品。如图4-9所示，宽敞的客厅成为展示主人个人品质、社会地位和气质的场所。

(3) 起居室要保持良好的室内环境，保证良好的采光、日照与空气流通是必要的。起居室不仅是交通枢纽，而且是自然通风的中枢。因而，在室内布置时不可因隔断、屏风的设置而影响空气的流通。如图4-10所示，良好的采光与通风是起居环境的重要保障。

图4-9

图4-10

(4) 防尘也是保持室内清洁的重要措施。因起居室直接联系入户门，具有门厅功能，同时又直接通向卧室，还兼有过道功能，因此在起居室与入户门之间要采取必要防尘措施，做好门的密封，设置脚垫，增加过渡空间。

4.2 餐厅设计

4.2.1　餐厅的功能分析

餐厅是家人日常进餐的主要场所，也是宴请亲友、朋友聚会的活动空间(如图4-11、图4-12所示)。除用餐外，有时也兼具了孩子间或在餐厅学习、主妇在餐厅记账、小夫妻偶尔浪漫小酌等其他功能。因其功能的重要，每套住宅都应设独立的进餐空间，有必要与厨房分开设置。然而，若空间条件不具备时，也应在起居室或厨房设置一个开放式或半独立的用餐区域。当餐厅处于一个闭合空间之内，其表现形式便可自由发挥；如果是开放型布局，应和它共处的那个区域保持设计风格上的统一。餐厅设在厨房与起居室之间是最合理的。

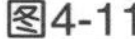

图4-11

图4-12

4.2.2 餐厅的设计要点

餐厅的设计要点如下所示。

(1) 餐厅的天花设计常采取对称形式，如图4-13所示，并且比较富于变化。其几何中心所对应的位置正是餐桌，可以在吊顶的立体层次上丰富餐厅的空间。

(2) 在照明方面，应当选用显色性好的吊灯作为主光源，这样容易使餐桌和吊顶联系构成视觉中心，也可突出菜品的色泽与质感，增加用餐食欲；同时还可用低照度的辅助灯或灯槽在其周围烘托气氛。主光源以暖色白炽灯为佳，三基色荧光灯因其优越的显色性也成为不错的选择。天花的构图无论是对称还是非对称，其几何中心都应形成整个餐厅的中心，这样有利于空间的秩序化。天花的形态与照明的形式，决定了整个就餐环境的氛围。如图4-14所示，为了突出菜品，餐厅灯具通常会采用暖光源，并设定合适的高度和照度。

图4-13

图4-14

图4-11：为了营造良好的就餐氛围，通常会设置酒柜或装饰柜。

图4-12：利用壁炉将餐厨分开，既具有装饰性又具备了隔开油烟的效果。

(3) 餐厅墙面的处理关系到空间的协调，应运用科学技术和艺术手法来创造舒适美观、轻松活泼、赏心悦目的空间环境，以满足人们的就餐心理。餐厅墙面的色彩以明朗、轻松的色调为主。据分析，橙色及相近色相对刺激食欲、促进情感交流和活跃就餐气氛起着积极的作用。此外，灯具的色彩，餐巾、餐具的色彩以及花卉的色彩变化都将对餐厅的整体色彩效果起到调节作用。如图4-15所示餐桌上的陈设决定了就餐的菜式与品位。

(4) 对于餐厅的家具配置，应根据家庭日常进餐人数来确定，同时也应满足宴请亲友的需要。小型餐室(4人桌)面积应在5m^2～7m^2，中型餐室(6人桌或8人桌)面积应在10.40m^2～14.90m^2，大型餐室(10人桌)面积应在14.90m^2～16.0m^2，在餐室面积不足的情况下，可采用折叠式餐桌，以增强功能使用上的机动性。

餐厅的内部家具主要是餐桌、餐椅和餐饮柜等，其摆放和布置必须要预留出人的活动流线和弹性空间。如图4-16所示，座椅布置要考虑容身空间和前后位置。通常，餐椅距后墙最小距离为500mm。

图4-15

图4-16

(5) 餐厅的地面处理，因其功能的特殊性而要求便于清洁，同时还需要有一定的防水和防油污特性，可选择大理石、釉面砖、复合地板及实木地板等(如图4-17所示)，要考虑污渍不易附着于构造缝之内。地面的图案可与天花相呼应，也可有更灵活的设计，需要考虑整体空间的协调统一。

图4-17

4.3 厨房设计

4.3.1 厨房的功能分析

民以食为天，厨房是每个居室不可或缺的部分，是服务空间中最重要的组成部分，是居住空间进行食物料理和贮藏的场所，如图4-18所示。随着生活水平的逐步提高，人们对厨房的面积、功能、风格要求也越来越高。在平面布局上，厨房通常与餐厅、起居室紧密相连，有的还与阳台相连。随着生活水平的不断提高，厨房已由一个单纯的储存食物、烹饪菜肴的地方变成了家人欢畅交谈的核心场所了，已有越来越多的人意识到厨房的设计和质量优劣关系到整套住宅的功能好坏。厨房的基本功能和使用要求是烹饪、清洗、储藏和备餐等。如今，许多先进的厨房设备也在改变着以往厨房的形象以及烹饪方式。每个家庭对沟通的理解不同，而且家庭成员的结构不同，其沟通的方式也不尽相同。今后厨房设计的根本可被认为是如何构建家人的沟通方式。城市生活的便捷使新鲜食材、主副食的购买变得触手可及，因此家中不再需要大型的冰箱、冰柜等设备来长时间储藏食物，不经常做饭的人们只要在厨房放置一台微波炉就足以应付生活了。但如果家庭成员较多，且每个成员又很忙，没有时间天天买菜的话，大型冰箱自然是不可或缺的。由此可以看出，厨房的设计同样是对业主生活方式的设计。从厨房行为整体协调层面考虑，贮藏调配、清洗准备和烹饪是一个连贯的操作过程，因此三个工作中心可以形成一个连贯的工作三角形，如图4-19所示。该三角形的边长之和越小，人在厨房中所用的时间就越少，劳动强度也就越低。三角形边长之和控制在3.6～6m为宜。合理性、实用性是设计厨房的基础。厨房可以说是整个住宅中融入最多细节元素的地方。除了有排水、煤气、灯具、排气等基础设施之外，还要有防水、防火、防污、耐腐蚀等功能，装饰装修材料必须具备相应功能。

图4-18

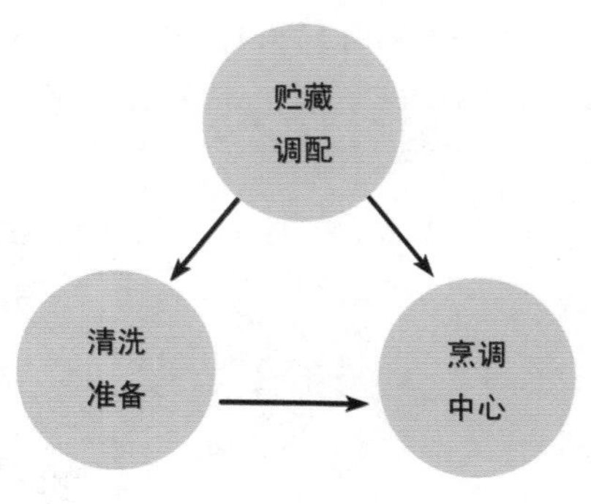

图4-19　厨房操作三角形

4.3.2 厨房的布局形式

厨房中的活动内容繁多，如果对平面没有科学合理的安排，即使拥有最先进的厨房设

备，也可能使人来回奔波，使厨房显得杂乱无章。所以，设计时依据主人的要求、空间的形状以及操作的流动路线进行合理布局就显得尤为重要。通常会按照取材、洗净、备膳、调理、烹煮、盛装和上桌等顺序进行设计，以保证工作路线的流畅。

下面列举六种厨房布局形式，其中前四种出自建设部行业标准——《住宅整体厨房》。

(1) I型平面布局：三个工作中心列于一条线上，构成常见而且实用的形式。这种形式适合独立厨房，结构紧凑、空间死角较少。但如果面积过大，那么活动动线也会变大，若“战线”拉得过长，反而影响工作效率。开间较窄，可采用这种一字型的单排方式，如图4-20所示，在公寓式的小居室中，I型厨房节省空间面积，也符合年轻人的生活特点。

(2) L型平面布局：沿着相邻的两墙面连续布置，这种方法可有效地利用墙面，操作省力方便，活动动线顺序比较明确，可容纳多人同时入厨，洗、切、烧也可以互不干扰，如图4-21所示。缺点是形成的拐角处必然会有空间死角；但如果L型的延线过长，厨房使用起来会略感不够紧凑。

图4-20

图4-21

(3) II型平面布局：沿着相对两面墙布置的走廊式平面，适用于长方形的厨房，如图4-22所示。但如果有人经常穿过，将会令使用者感到不便。

(4) U型平面布局：利用三面墙和两个平行的操作台，使储物和活动空间都得到有效组合。U型平面可使基本操作流线顺畅，工作三角完全脱开，是一种十分有效的形式，如图4-23所示。由于是被三面包围，因此安排储物空间时就会避免带来压抑感。

(5) 半岛型平面布局：它与U型平面布局相似，但有三分之一不靠墙，可将烹调中心布置在半岛上，是敞开式厨房的典型。

(6) 岛型平面布局：在厨房平面中间设烹调中心(或清洗备餐中心)(见图4-24)，同时从所有各边都能够使用它，也可在“岛”上布置一些其他设施，用作厨房以外的生活空间或设置宽敞的食物储藏空间等。

一般情况下，面积$4m^2$左右的厨房只具备单一的炊事功能，布置通常为I型或L型；$6m^2$～$10m^2$的空间为中型厨房，其布局方式可采用T型或L型；对于更大面积的厨房空间，除烹饪、洗涤等家务活动功能外，还可以增加就餐、起居及休闲娱乐等功能，使厨房成为一个增进家人情感交流的亲情空间，如图4-25所示。

04

图4-22

图4-23

图4-24

图4-25

4.3.3 厨房的设计要点

(1) 设计厨房之前，应认真测量空间的大小，以便利用空间的每一个角落。工作三角区内要配置全部必要的器具及设备。现代厨房的主要设备有：排油烟机、燃气灶、电磁炉和烤箱等。为了配合主要烹饪，还需要增加其他辅助设备，如冰箱、洗碗机、热水器、咖啡机、面包机和垃圾处理机等，我们必须了解这些设备的操作流程和物品尺寸，并以动作特征与烹饪操作顺序进行排列和设计尺寸，予以合理布局，使这些设备组织为一个有机的整体而不至于杂乱无章。此外，厨具、餐具等要设计储存的柜或架，目的是令厨房更加整洁与美观，如图4-26所示。

(2) 设计一些设备预留位置，要考虑到可添、可改、可持续发展的问题。

图4-26

(3) 管线与设备要全部配套，每个工作中心应设有两个以上插座。

(4) 将地上橱柜与墙上的吊柜及其他设施组合起来，构成连贯的单元，避免中间有缝或出现凹凸不平，方便清洁，如图4-27所示。

(5) 厨房的工作在繁杂的同时伴有各式各样的动作。即使做一种菜肴也要有准备→处理→洗净、控干水分→加工→加热→配餐、装盘→进餐→收拾这8个步骤，因此，水池、灶台、冰箱这三项工作三角区边长之和小于6m，可以确保功能区域的有效联系和工作效率。设计时结合纵向流程(动作)和横向流程(动线)对尺寸和配置进行考虑。忽视操作效率的厨房，即使美观也是不方便、不可取的。

(6) 操作台中及各吊柜里要有足够的空间，以便贮藏各种设施。

(7) 操作台高度设在800～910mm之间，台面进深设在500～600mm之间。吊柜顶面净高1900mm，吊柜进深300～350mm。冰箱依据日常生活存储需求合理选择；准备台宽度300～600mm；水池宽度900～1500mm；操作台宽度600～900mm；灶台宽度600～900mm；备餐台宽度600～900mm。

(8) 为备餐提供具有耐压强度的操作台面，面板持续垂直静载荷应达2kg/cm^2，材料还应具备防水、抗油污及耐高温等性能，如图4-28所示。

图4-27

图4-28

(9) 各工作中心要设置无眩光的局部照明。

(10) 炉灶与冰箱之间至少要隔一个单元的距离。

(11) 设置有相当功率的排风扇，配合抽排油烟机工作，以确保良好的通风效果，避免油烟污染。

4.4 卧室设计

4.4.1 卧室的功能分析

卧室，又称卧房、睡房，主要是提供睡眠、休息的空间，是确保不受他人妨碍的私密性空间，如图4-29和图4-30所示。一方面，卧室要使人们能安静地休息和睡眠，还要减轻铺床、收床等家务劳动，更要确保生活的私密性；另一方面，要合乎休闲、工作、梳妆及卫生

04

保健等综合要求。因此，卧室实际上具有睡眠、休闲、梳妆、盥洗和贮藏等综合功能。

卧室可分为：主卧室、次卧室(儿童房)、老年人房以及客房等。其设计要素虽略有区别，但设计处理上又多有相同之处。睡眠空间在住宅中属于私密性很强的空间，要确保安静和隐蔽性，因此通常安排在住宅的最里端，要与客厅、餐厅等公用区域保持一定的距离，以避免相互之间的干扰。另一方面，在空间的细节处理上要注意睡眠功能对光线、声音、色彩及触觉上的要求，如图4-31所示。

图4-29

图4-30

图4-31

4.4.2 卧室的设计要点

卧室的平面布置是以床为中心的。床有单人床、双人床和特大床等，其选择应符合居室整体风格，确保睡眠质量，如图4-32所示。此外还必须加上居室内其他活动及贮藏所需的空间，如衣柜、梳妆台等。

1. 主卧室

主卧室是房屋主人的私人生活空间，它除了满足睡眠这一最基本的功能外，还必须具备其他相应的功能，如生活衣物的存储、休息前的阅读学习功能、梳妆功能等。主卧室的设

图4-30：卧室最基本的功能就是睡眠，需要保证安静、通风、采光、采暖等良好的空间质量。

计，不但影响着主人的休息质量，还是体现生活品质的重要组成部分。该空间不但要保证高度的私密性和安定感，营造舒适惬意的休憩空间，同时，它还必须合乎休闲、存储、化妆、阅读及卫生保健等综合要求，如图4-33和图4-34所示。

图4-32

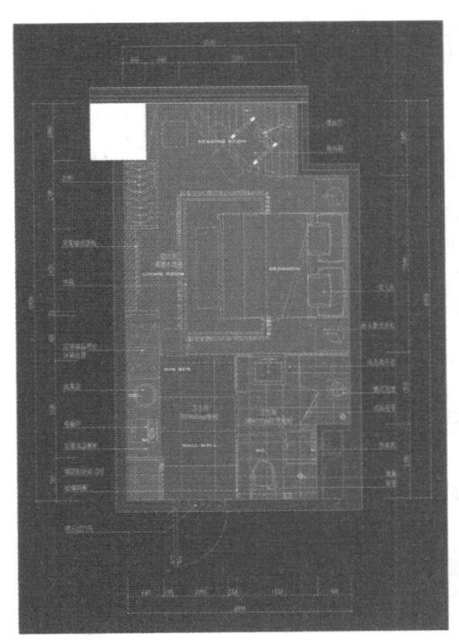

图4-33

图4-34

在主卧室中设休闲区的目的是满足主人视听、阅读和思考等活动的需要，并配以相关的休闲座椅、贵妃椅、沙发、电视柜和书写桌等家具与设备。梳妆与更衣是卧室的另外两个相关功能。组合式与嵌入式梳妆家具，既实用又节省空间，并增进整个卧室的统一感。更衣功能的处理，可在适宜位置上设立更衣区域，在面积允许的条件下，可于主卧室内单独设立步入式更衣柜，其中安置旋转衣架、照明和座位。

图4-33和图4-34：以时尚都市为主线的居室设计(设计：王晓东、王仁杰)。

2. 儿童房

图4-35

设计一个能和孩子一起成长、有益于孩子身心健康的生活空间对于所有的父母来说都是一个需要认真对待的任务。儿童不仅要在这个空间里学习、休息、睡眠、游戏，还会在这里形成个人的独立意识，培养其兴趣爱好和自理能力，如图4-35所示。

作为供孩子居住的房间，其布置绝不会也不可能一成不变。逐渐长大的孩子需要一个灵活而舒适的空间，尺寸按比例缩小的家具、伸手可触的搁物架和茶几所给予他们那种控制一切的感觉，对孩子们来说妙极了；大一些的孩子喜欢有个充分施展自己爱好和用来学习的地方，在这儿还可以招待朋友。儿童房的设计除考虑年龄、性别、性格、兴趣等个性因素和功能之外，还应特别注意如下几个方面。

(1) 最重要的是安全性。门窗、电源插座、取暖设备以及空调管道进出口的布置都应以此为原则，家具摆放要平稳牢固，尽量多用圆形或倒圆角的家具；不宜放置大面镜子、玻璃之类的易碎品等，以防意外事故的发生。使用无污染的天然环保材料，地面要注意防滑和具有适当的弹性，如图4-36所示。

(2) 留出适当的活动区域。因为孩子们生活在一个可触知的世界里，他们喜欢去抚摸、去抓取、去创造，由此来体会周围世界的本质，如图4-37所示。

图4-36

图4-37

(3) 在自己的私人领地中，孩子们的收藏品让他们感到自豪，因此搁物架横七竖八地展示各种形状和颜色，人性化的做法才能使孩子实现自我表现和发展。

(4) 儿童房采光通风应良好，在安排睡眠区时，应赋予适度的色彩。图4-38所示为充满自然生机活力的男孩房；图4-39所示为甜美的公主房。

图4-38

图4-39

(5) 读写区域是青少年房间的中心，书桌前的椅子最好能调节高度，以适应不同生长阶段中青少年的需要。除了读写活动之外，根据其不同性别和兴趣，突出表现他们的爱好和个性，如设立手工工作台、实验台以及女孩的梳妆台等设施，如图4-40所示，倾斜的屋顶，配合嵌入式书桌比较合理。

(6) 不是所有跟孩子相关的配置都要设计在儿童房，要灵活运用家里的公共空间，比起考虑房间的面积、形状以及有无阁楼，更重要的是要确保孩子和家长能够保持交流，避免孩子孤立、独自闷在房间里。

图4-40

3. 老人房

上了年纪的人体力衰退，日常生活中会遇到各种障碍。老人多是视力衰退或腿脚不便，这样容易被障碍物绊倒，因此要切实考虑老年人的心理和生理特点，做出特殊的布置。例如，房间的出入口可设计成拉门，万一老人晕倒在房间，可及时对老人施救；老人经过的地方所有地面都是平坦没有地坎儿的，不然很可能绊倒老人；走廊、浴室或卫生间等必要位置，针对老人腿脚不便设置扶手；地面采用防滑材料等，如图4-41和图4-42所示。

图4-41

图4-42

(1) 由于老年人好静，因此必须要做好隔音、吸声处理，避免外界的干扰，营造安静的环境。

(2) 房间朝向以南向为佳，以保证接受充足的阳光。人工照明设计上，应避免光线的明暗差设计。老人对光照的亮度特别敏感，最好使用一些间接照明来实现必要的光照度。夜间要设置柔和的照明，解决老年人视力不佳，起夜较勤等问题，确保安全。

图4-43

(3) 家具的棱角应圆润细腻，避免生硬。过高的橱、柜，低于膝盖的大抽屉都不宜使用。床不应过低，应以老人活动时脊椎弯曲度最小为宜，不宜使用过于柔软的床垫。确保房间地面平整，不设门槛，减少磕碰、扭伤与摔伤的概率。床铺高度要适中，便于上下。门厅要留足空间，方便轮椅和单架进出或回旋。

(4) 在色彩的处理上，应保持古朴、平和和沉着的基调，家具色彩多为深棕色、驼色、棕黄色和米黄色等。老年人不易识别色彩存在的微妙深浅差别，尤其是对深色的识别，因此必要的地方可以使用深浅分明的配色，减少眼睛的疲劳。家具设置需满足其起居方便的要求，起居室布置格局应以他们的身体条件为依据，为他们创造一个健康、亲切、舒适而优雅的环境，如图4-43所示。

4.5 书房设计

4.5.1 书房的功能分析

书房的基本功能是阅读、书写、工作、研究和密谈，是文教、科技和艺术工作者必备的活动空间，它是最能体现居住者兴趣、爱好、品位和专长的场所。书房既是办公室的延伸，又是家居生活的一部分，虽然功能单一，但要求具备安静、幽雅、私密的环境，良好的采光，使主人在书房空间中保持着轻松宁静的心态，如图4-44所示。

图4-44

书房的空间格局可分为开放式和闭合式两种。一般来说，住宅的整体空间面积较小时多会考虑开放式的格局，使其成为家庭成员共同使用的休息和阅读中心；如住宅空间面积足够，最好采用互不干扰、领域感较强的闭合或空间格局。书房的空间布局形式还与使用者的职业有关，不同的工作方式和习惯决定了不同的布局形式。根据书房使用者的要求，空间划分大体包含了三个功能区域。

(1) 具有书写、阅读和创作等功能的工作区，该区域以书桌、班台或工作台为核心，以工作的顺利开展为设计依据，如图4-45所示。

(2) 具有书刊、资料、用具和收藏等物品存放功能的藏书区或储物区。这是最容易也最能够体现书房性质的组成部分，以书橱、陈列柜架为代表。

(3) 具有接待会客、交流和商讨等功能的交流区域，该区域因主人的需求不同而有所区别，同时也会受到书房空间面积的影响。这一区域通常由客椅或沙发构成，如图4-46所示。

图4-45

图4-46

4.5.2 书房的设计要点

(1) 工作区域在位置和采光上要重点处理。书桌的摆放要以书写左侧进光为主，考虑该空间良好的采光及避免阅读、使用电脑时产生的眩光，在保证安静的环境和充足的采光外还应设置局部照明，以满足工作时的照度，如图4-47所示。

(2) 工作区域与藏书区域的联系要便捷，而且藏书要有较大的展示面，以便查阅，如图4-48所示。

(3) 现代工作区域中通常都具备了电脑、打印机等多项数码设备，应预留出电源插座的位置，并尽量避免过多的导线造成的空间混乱。

(4) 根据收藏和储存物品的类型、尺寸来设计柜架。

(5) 书房虽是工作空间，但是要与整套家

图4-47

图4-46：书房有时也兼具了交流、私谈等功能(照片来源：宜家家居)。

居取得设计上的和谐，同时，需要利用色彩、材质的搭配和绿化手段，营造一个宁静而温馨的工作环境，还要根据工作习惯布置家具、设施及艺术品，以此体现主人的个性及品位。设计上要以人为本，突出个性，如图4-49所示。

图4-48

图4-49

4.6　卫浴间设计

4.6.1　卫浴间的功能分析

一般来说，卫浴间是包含洗漱、淋浴和如厕等为满足生理需求而设置的空间，同时兼容了一定的家务活动，如洗衣、储藏等。从早上洗脸、剃须、化妆，到回家时洗手、洗澡、更衣或烘干都是在这里进行的，因此卫浴间的使用频率相当之高。随着我国居住条件的不断改善，生活水平的日益提高，户型面积的扩大，功能性空间也相对完善，卫浴空间不再是局促的单一形式。除公共区域设置的卫生间之外，它可以单独设置在主、客房内，使其私密性和

图4-50

舒适度大大提高。同时，现代设计中将阳光、绿化引进浴室，以获得沐浴、盥洗时心情的舒畅愉悦(如图4-50所示)；为了加强自身的卫生保健，还将桑拿浴房、冲浪浴缸等设备引进家庭卫浴空间内，或者在浴室内放置电视、音响等设备，对于保持清洁、消除疲劳、放松疲惫的身心具有很大的帮助。因此，卫浴间在满足使用方便、安全、经济等条件之外，还具有满足精神需求的功能。虽然卫浴空间在整个住宅中面积配比不大，但它的使用频率最高，设施复杂，内容繁多，是住宅空间设计中的重点和难点。由于卫浴空间中拥有面盆、浴缸、淋浴花洒和坐便器等基本设备，并且需要浴巾、毛巾、化妆品、洗漱用具和洗衣设备的存储和配置，因此设计时应最大限度地利用空间，使其功能完善，设施齐备，设计人性化，如图4-51所示。

4.6.2 卫浴间的平面布置

图4-51

目前，我国住宅中的卫浴空间设置有两种形式，即单卫浴间和多卫浴间。单卫浴间，是指整个住宅空间中只有一个卫浴空间，所以家庭成员共用，浴、厕、洗功能囊括其中；多卫浴间包括了与主、客卧室相连的主、客卫浴间和供其他家庭成员使用的套内卫浴间。卫浴间依据功能的不同可分为以下三种类型。

(1) 兼用型：集浴缸、洗面盆和坐便器三洁具为一室，如图4-52所示。其优点是节省空间、经济、管线布置简单；缺点是不适合多人同时使用，因面积有限，贮藏空间较难处理，洗浴的潮湿，还会影响洗衣机的寿命。

(2) 独立型：因现代美容化妆功能的日益复杂化，洗脸化妆部分被从卫浴间分离，如图4-53所示。其优点是各室可以同时使用，而互不干扰，功能明确，使用方便；缺点是空间占用多，而且装修成本高。

图4-52

图4-53

(3) 折中型：兼顾上述两种类型的优点，在同一卫浴间内，干身区和湿身区分开各自独立，如图4-54所示。干身区包括洗面盆和坐便器；湿身区包括浴缸或喷淋，中间用隔断或浴帘分隔。

图4-54

4.6.3　卫浴空间的洁具设备

卫浴间的设计与空间基本尺寸和其中的设备规格有关，此外还应考虑到人体活动的必要尺寸和心理因素。整体卫浴间的出现、洗浴功能不断完善和卫浴要求的不断提高(如增加桑拿、汗蒸、视听等功能)，更促进了卫浴空间的紧凑。

图4-52：兼用型卫浴间(设计：王晓东、王仁杰)。

1．浴缸

家用浴缸(见图4-55)主要根据深度不同，大致分为西式、日式、东西结合三种形式。日式和西式的尺寸差别是由沐浴方式不同导致的：西式浴缸形态为浅长形，身体可以在浴缸内舒展，边洗边泡，浴缸的长度为1400～1600mm，深度为400～450mm；日式沐浴是将肩膀以下的身体全部浸泡在热水池中，因此日式浴缸为深方形，有利于节省空间，入浴时需水深没肩，易于保暖，适于年老体弱者使用，也适合面积狭小的浴室。日式浴缸的长度为800～1200mm，深度为450～650mm；东西结合式浴缸综合了西式的长和日式的深，既可以泡到肩膀又可以舒展身体，因此成了目前最为常用的浴缸形式。长度为1100～1600mm，深度为600mm左右。随着喷射水沐浴的普及，人们待在浴室的时间越来越长，冲浪浴缸，利用电机和水泵形成若干个喷水口或气泡式按摩喷水口，令肌体充分放松。

图4-55

2． 淋浴器

淋浴器的喷头也称花洒，一般被安装在浴缸上方或淋浴室内的上方中心位置。淋浴喷头及冷热水开关的高度与人体高度及伸手操作等因素有关，固定的淋浴喷头高度是自盆底以上1.65m。考虑到站姿、坐姿、成人及儿童的高度差异，淋浴喷头应能上下调节。淋浴和盆浴共用的开关，要装在淋浴和盆浴时均能方便触及的高度。淋浴器是将冷热水开关与淋浴喷头和若干个气泡式按摩喷水口综合为一体，此设备常被安装在喷淋屋内。淋浴喷头的功能越来越多，大部分都是附带恒温装置的。其他功能包括变换出水模式、节水、净水、调节水压、微泡喷射等。

3． 整体浴室

由于整体浴室的防水性较好，且传统式的浴室设计会增加浴室整体重量，加大建筑物的负荷，所以在集体住宅或浴室在二层的选择设计方案时，若但从技术层面考虑，采用整体浴室是比较明智的。湿身区的整体浴室，是在卫浴间内以玻璃隔离出的淋浴功能区，高度为

1.85m，有推拉门、平开门和弧形门等多种开启形式。喷淋屋常与淋浴盆形成组合，位于卫浴间的一角。

4．坐便器

冲水坐便器高度为350～390mm，按造型分为：连体式、分体式和壁挂式。按冲洗方式分为：虹吸式、涡流式和直落式。

选择坐便器时应注意以下几方面。

(1) 蓄水面积足够大，使污物不易粘上。

(2) 有足够的水封高度，排水路径宽敞且单纯。

(3) 冲水声音小，用水量少。

(4) 防止水箱结露。

(5) 考虑预留采暖坐便、热水热风洗净便器的设置。

(6) 考虑出水口墙距的不同。

此外，纸盅应设于坐便器的前方或侧方，以伸手即能方便够到为准，距后墙800mm，距地面700mm。

5．洁身盆

洁身盆的功能是以坐姿清洗下身。洁身盆常与坐便器并排设计，既要设置给排水，还需接入冷热水，高度在360～400mm。

04

6．洗面盆

化妆台与洗面盆的上沿高度在850mm左右；洗脸时所需动作空间为820mm×550mm；人与镜子的距离≥450mm；人与左右墙壁之间要有充足的空间，洗面盆中轴线至侧墙的距离≥375mm。洗面盆有五种形式，即台上盆、台下盆、墙挂盆、碗盆和柱盆(长柱盆和半柱盆)。新型的洗面化妆设备把水池和贮藏柜结合起来，形成洗面化妆组合柜，柜体进深和高度一定，面宽可以根据模数而变化，如图4-56所示。

图4-56

图4-56：两个面盆可各自独立使用，避免高峰时段使用的尴尬。

7. 洗衣机和清洗池

设计空间布局时应充分考虑购买洗衣机的机型尺寸、设备的电源位置、给排水口位置及干湿分离所预留出的必要空间。清洗池也是很必要的设备，用以在使用洗衣机之前的局部搓洗、刷洗等。

图4-57

4.6.4 卫浴间的设计要求

(1) 在墙地面砖铺贴前，1800mm以下的空间必须做好防水处理。因卫浴间湿度较大，需要选用防水、不易发霉、不易污染、容易清洁的表面材料，还应考虑地面防滑。因此，墙地材料用釉面砖或玻化砖更具优势，如图4-57所示。

(2) 卫生间的基本配备是便器、卷纸盒、毛巾挂钩、洗手台、面台、储物柜、换气设备、照明灯，对这些装置的搭配必须要熟悉。

(3) 卫浴间的空间面积较小，镜子应做防雾处理并尽可能大一些，通过镜面反射，可将心理空间扩大化，如图4-58所示。

(4) 照明设计要求有若干光源以形成无影灯，同时避免眩光，照度≥300lx，如图4-59所示。

图4-58

图4-59

图4-58和图4-59：设计者为王晓东、王仁杰。

(5) 卫浴间整体色彩、风格的选择应与洁具的色彩配合，或对比或协调，还需与整个居住空间相统一。如图4-60所示，宁静的空间色彩与户外环境，形成惬意舒适的空间。

图4-60

(6) 为了使用方便，最好进行干、湿分区。

(7) 洁具设备、五金配件多为纯净的白色、金属色，可以通过艺术品、织物和绿化增加温暖惬意的环境氛围，使卫浴空间更具人性化。精心摆放的小物品使空间不再单调乏味，如图4-61所示。在注重人性化的同时，也要考虑卫生间化妆品、衣物等在杂物的收纳问题，如图4-62所示。

图4-61

图4-62

4.7 储藏空间设计

4.7.1 储藏间的功能分析

随着日常生活的不断积累，家庭中生活用品、衣物、娱乐文体用品等物品会越来越多，储藏和收纳便成为住宅空间设计中重要的课题之一。按照现行《住宅设计规范》的要求，房间中要有一定比例的储藏空间。将多种多样的生活用品巧妙地存放、保管好，可以使空间秩序化、整洁，也在很大程度上提高了舒适感和家务劳动的效率。一般来说，依据存放物品的特点可将储藏空间分为以下几大类。

1. 衣橱或衣帽间(更衣室)

存放衣物、鞋帽、被褥等物品的衣橱或更衣室，设计时应根据家庭成员及物品类型分类存放，以挂杆、隔板、抽屉来分割内部的存储空间。存放的原则为：过季被褥、衣物或轻质的纺织类物品易放置在较高或靠上的区域，伸臂可以触及，存取比较方便；常用衣物可用挂衣架、裤架、领带架、网架等存放；内衣、袜子等用抽屉整理，此类物品舒适的存取高度是1200～1650mm；对于1200mm以下的空间，适宜存储鞋、短衣或较重的箱式物品。按照衣柜中各类衣物的类型，储存长衣的格子尺寸长度在1350mm左右，储存衬衫、短衣的格子尺寸长度为900mm左右，储存长裤的格子尺寸长度为1000mm左右，储存鞋子的格子长度为300mm左右，如图4-63和图4-64所示。

图4-63

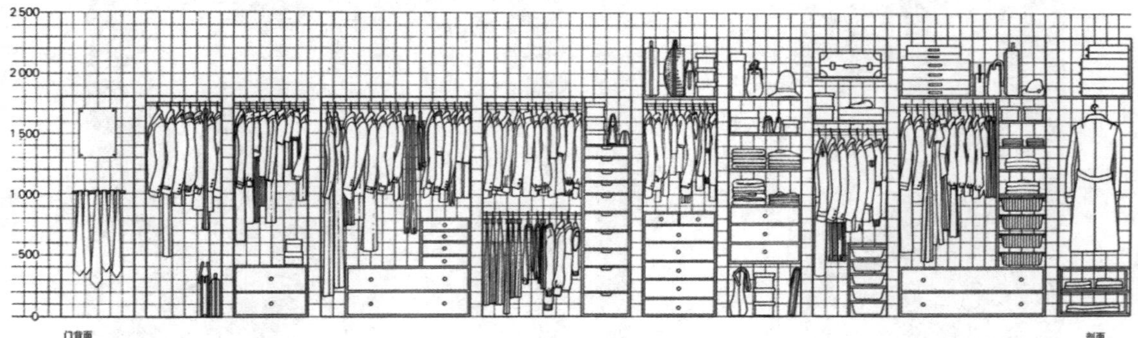

图4-64

图4-63：我们按照物品尺寸和人体存取尺度来设计存储空间，会使空间更加人性化。

2．书柜

书柜一般设置在书房，用于存放书籍或展示收藏品。设计时应注意单项隔板的承重及书籍、藏品的尺寸，如采用木质隔板，隔板跨度不宜大于600mm。书会随着时间积累充满书柜，因此设计时如果空间允许，应尽量大些，如图4-65所示。

图4-65

3．工具柜

工具柜用于储存家居生活的各类工具，如图4-66所示。建议将工具细致分类后存放，小工具最好以抽屉的形式进行存放。每一件东西都要有自己的地方，合理地摆放可以使空间变得整洁并提高效率。

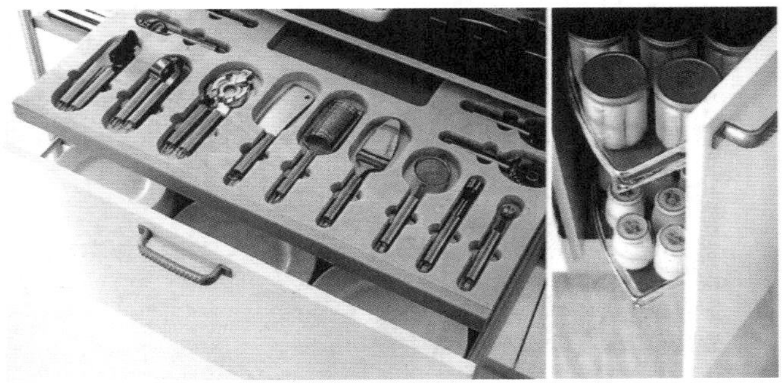

图4-66

4. 食品柜

食品柜设置在餐厅或厨房，用于存储米、面和水果等食品，如图4-67所示。根据细节进行分类和设计，就是设计生活。

图4-67

5. 餐柜、酒柜

餐柜和酒柜是作为餐具、酒具、茶具等用品的存储及展示空间，酒柜细节及节点尺寸如图4-68所示。

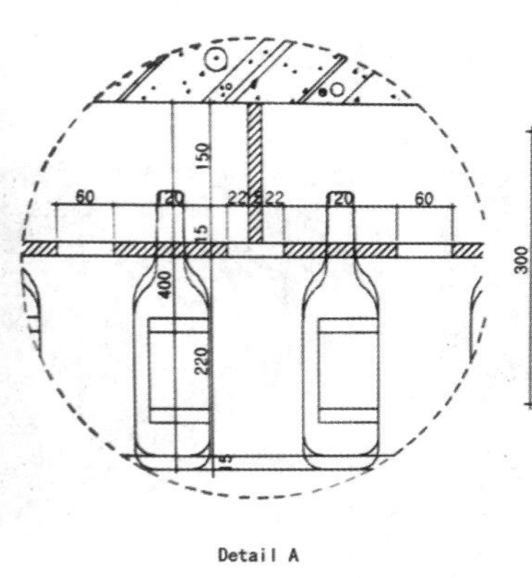

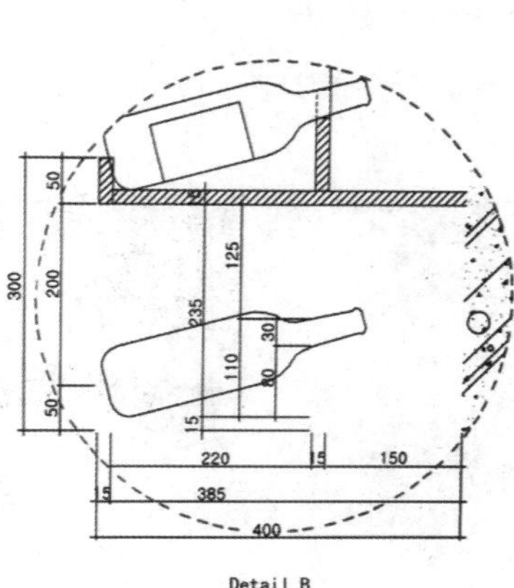

图4-68

4.7.2　储藏间的处理要点

(1) 生活用品按类型、季节及使用频率来分别存放，使用起来才方便。

(2) 要考虑到日用品的特性与人体工程学的关系来存放，才能提高使用效率，如图4-69所示。

图4-69

(3) 充分利用空间中的死角、楼梯间及空间中不影响整体视觉效果的闲置部分，如图4-70所示。

图4-70

(4) 存储空间的设计要以存放整齐、方便存取为原则，如图4-71所示。

(5) 设计时应充分考虑到物品存放时所必需的环境要求，如保持空气干燥、防止霉变，保持空气流通，保证空间的洁净以及防尘等，如图4-72和图4-73所示。

图4-71

图4-69：按照物品尺寸和人体存取尺度来设计存储空间，会使空间更加人性化，更加有效率。

图4-72

图4-73

4.8 门厅设计

4.8.1 门厅的功能分析

门厅，又叫作过厅或玄关，作为住宅空间的起始部分，它是外部(社会)与内部 (家庭)的过渡空间和连接点。门厅是厅堂的外门，是进入室内换鞋、更衣或从室内向室外的缓冲空间，所以，在设计时必须考虑其实用因素和心理因素。其中，应包括适当的面积、较高的防卫性能、合适的照度、易于通风、有足够的储藏空间、适当的私密性以及安定的归属感。如图4-74所示为独立设立的门厅。

门厅虽然面积较小，但使用频率较高，它是进出住宅的必经之处，因此也承载着多种实用功能。

(1) 视觉屏蔽的安全性：开门见厅(一开门就对家中的情形一览无余)，是每个主人都不希望的，门厅(玄关)就是为人们在居室内生活行为的私密性、隐蔽性和安全感而设置的。在客人来访或家人出入时，门厅能够有效地避免外界的干扰，从而达到家人心理上的安全感，如图4-75所示。

(2) 储藏、更衣：

图4-74

图4-75

该空间必须留有足够的空间来存放外衣、鞋子、雨伞和手套等物品，可方便客人和家人换鞋、搁包和更衣，这需要将鞋箱、风雨柜、更衣柜以及大衣镜等设置在门厅处。门厅不仅要与室内风格形成统一整体，还应考虑隔断的隐蔽性，过于厚重会使狭小的门厅空间变得压抑，如图4-76所示。

(3) 装饰与接待功能：门厅是人们进入该住宅室内空间中的第一视觉点，因此，它的视觉形象也代表了外界对整个居室的整体印象。除承担更衣、换鞋的功能外，展示空间风格、品位也是门厅不容忽视的设计重点，常常作为整体空间设计的浓缩和画龙点睛之笔，如图4-77所示。

图4-76

图4-77

(4) 保温功能：门厅可以避免外界的寒冷空气通过入户门的缝隙和开启直接进入室内。

4.8.2 门厅的设计要点

(1) 大多数的门厅是面积接近最低限度的动作空间，可能只够脱鞋、换鞋所需的空间，要力求小中见大的空间序列感，还要避免该空间过于局促而产生压抑感。在跃层住宅或别墅中可采用两层相通的共享空间的做法，以加大纵向空间，从而减少压抑感。

(2) 安装结实的防盗门是安全有效的方法，同时，在心理上也增加了安全感。

(3) 门厅的储藏功能常被忽视或处理不周，只有鞋柜是不够的，外出时所使用的物品都要在门厅中存放，不仅是方便，更为了卫生。因此，就要考虑雨伞、大衣、帽子、手套和运动用品等物品的存放。大衣类的存放空间需要考虑客人的余量。门厅的收藏空间必须在详细研究与物品的关系后，选择利用率高的存储方式。

(4) 门厅的设计，既要充分利用有限的空间使交通顺畅，又要满足功能性的内容，同时还要将整个室内的风格、特色在入口这个狭小的空间中充分体现出来。例如在入口设置小景可增加空间的休闲气息，如图4-78所示。而别墅或豪宅，可通过走廊进入门厅，如图4-79所示。

图4-78

图4-79

4.9 走廊设计

4.9.1 走廊的功能分析

走廊与楼梯在居住空间的构成中属于交通空间，起到连接生活区域各部分的作用，它是组织空间序列的手段。走廊是此空间向彼空间的必经之路，因而引导性显得尤为重要。引导性是由其界面和尺度所形成的方向感受来决定的。设计师通过这类部位来暗示那些看不到的空间，以增强空间的层次感和序列感。其形式是要让人感到它的存在，以及它后面所隐藏的内容，既要做得巧妙，又不能喧宾夺主。走廊不仅是水平的连接手段，还可以通过室内设计令其形象焕然一新，成为居室中新的风景线。走廊的常见平面形成有I字型、L型和T型三种。

(1) I字型走廊：方向感强，简洁，如图4-80所示。若是外廊，则明快、豁朗。过长的I字型走廊如处理不当，会产生单调和沉闷的感受。

(2) L型走廊：迂回、含蓄、富于变化，能加强空间的私密性。它可将起居室与卧室相连，使动静区域间的独立性得以保持，令空间构成在方向上产生突变。如图4-81所示，主卧室在L型走廊的近端，保证了私密与公共区域的基本条件。

(3) T型走廊：是空间之间多向联系的方式，T型交汇处往往是设计师大做文章之处，可形成一个视觉上的景观变化，有效地打破走廊沉闷、封闭之感，如图4-82所示。

图4-80

图4-81

图4-82

4.9.2 走廊的设计要点

(1) 走廊天花的多数做法为照明的序列布置，但不可做过多变化，处理手法上要与其他空间相呼应，以符合整体感。通常采用筒灯或反光灯槽的照明方式，甚至完全不设灯，只靠壁灯完成照明。灯光布置要追求光影形成的节奏，结合墙面的照明，有效地利用光来消除走廊的沉闷气氛，创造出生动的视觉效果。

04

(2) 居室走廊的地面一般不设置任何家具，设计师可通过材料与色彩的配搭，有效地展现图案变化之美。收口部位的处理十分重要，如图4-83所示，利用漂亮的地毯带动空间氛围。

图4-83

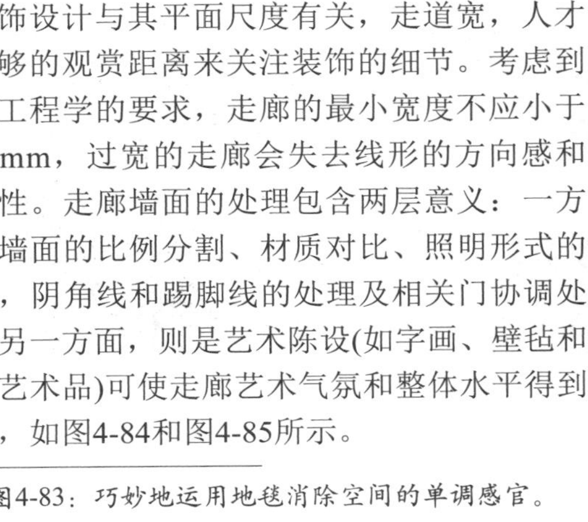

(3) 走廊墙面可做较多的设计和变化。走廊的装饰设计与其平面尺度有关，走道宽，人才有足够的观赏距离来关注装饰的细节。考虑到人体工程学的要求，走廊的最小宽度不应小于1100mm，过宽的走廊会失去线形的方向感和引导性。走廊墙面的处理包含两层意义：一方面，墙面的比例分割、材质对比、照明形式的变化，阴角线和踢脚线的处理及相关门协调处理；另一方面，则是艺术陈设(如字画、壁毡和装饰艺术品)可使走廊艺术气氛和整体水平得到提升，如图4-84和图4-85所示。

图4-83：巧妙地运用地毯消除空间的单调感官。

图4-84

图4-85

4.10 楼梯设计

4.10.1 楼梯的功能分析

楼梯是跃层住宅或别墅空间上下两层之间垂直的交通枢纽，因为属于垂直方向的扩展，所以要从结构和空间两方面来设计。一般在跃层住宅中，楼梯的位置是沿着墙设置或拐角设置的，这样可以避免浪费空间；而在别墅或高级住宅中，它又具有显赫的位置，以充分表现其魅力，成为表现住宅整体气势的手段，带有一定的心理暗示功能。如图4-86所示，优美的楼梯曲线令空间灵动，典雅；如图4-87所示，利用高度彰显典雅高贵的住宅气质。

图4-86

图4-87

图4-85：要清楚流线的作用，合理的尺度把握是通道设计时的关键。

4.10.2　楼梯的基本形式

楼梯的基本形式有直跑型、L型、U型和旋转型四种。一般跃层住宅中，直跑型与L型较多。直跑型楼梯占空间少，但坡度陡，不利于老人、孩子及行动不便者上下，因此，必须考虑坡度、扶手高度、地面材料的选择问题。L型楼梯，也称拐角楼梯，因其方向有一个改变，具有引导性，楼梯的一侧可形成储藏空间；同时，L型楼梯也具有变向功能，用以衔接轴向不同的两组空间。U型楼梯，也称折返楼梯，中间有休息平台，较舒适，使用面积富余，但占用空间大，为此，可将折回部分的休息平台做成旋转踏步。旋转型楼梯的造型生动、富于变化，因此成为空间里的景观。以支柱为中心的楼梯，中间部分会出现密集的踏步，其材料可用钢材、复合材料，这类材质能表现旋转楼梯的流动而轻盈的特点(如图4-88所示)。

图4-88

4.10.3　楼梯的设计要点

(1) 楼梯的宽度为750mm左右，踢面高度在150～200mm之间，踏步面宽在250～300mm之间。

(2) 倾斜度。根据向上迈腿的高度及台阶面的面积来确定。有舒适感的楼梯，角度不应大于45度。3m的高度，需要14～15个台阶。旋转楼梯需要从中心距离30cm的地方确定台阶面。

(3) 踏步材料的采用应考虑耐磨、防滑和舒适等要素。材料可采用石材、复合材料、实木或地毯，也可将不同的材料或不同质感和色彩镶嵌在一起，产生对比，从而增强表现力。

(4) 栏杆在楼梯中起着围护作用，以确保上下时的安全，其高度、密度和强度都有较高的要求：高度为900mm左右；纵向密度要保证三岁以下儿童不至于由其空隙跌落，横向间空隙为110mm；强度则要求能承受180kg的推力。其常用的材料有铸铁、不锈钢、实木或15mm厚的钢化玻璃。安全是首位，其次才是造型。栏杆受力生根部分用圆钢构成，要受力明确且结实有力；围合部分既可采用简洁明确的分隔形式，也可采用浪漫生动的装饰形式，如图4-89所示。

(5) 扶手是与人亲密接触的部分，尤其对于老人和儿童，它是得力的帮手，设计时既要在尺度上符合人体工程学的要求，又要兼顾造型和比例。扶手直径一般不小于50mm，选用触感亲切的材质，常用木材，如果选用金属，则可借助皮革材质调节质感，产生对比效果。在转弯和收口部分要特别精心设计，常常结合雕塑或灯柱等富有表现力的构件来产生精彩的视觉效果。

图4-88：由于直跑型楼梯坡度陡，因此可利用墙体保障安全，利用通透的缓台减弱局促感，并充分地利用了楼梯底部的空间。

图4-89

(6) 为角落设置的封闭楼梯，往往缺少自然采光，这就需要通过两条途径进行弥补：一是安装楼梯灯，楼梯灯的控制开关分设于楼梯的上下两层；二是通过间接采光，使楼梯上下出入口尽量引入更多的自然光线，或者在封闭的墙或隔断上设置采光口。考虑到夜间上下楼时的安全问题，在踢面设置灯带或在侧面墙上安装小夜灯都是十分必要的做法，如图4-90和图4-91所示。

图4-90

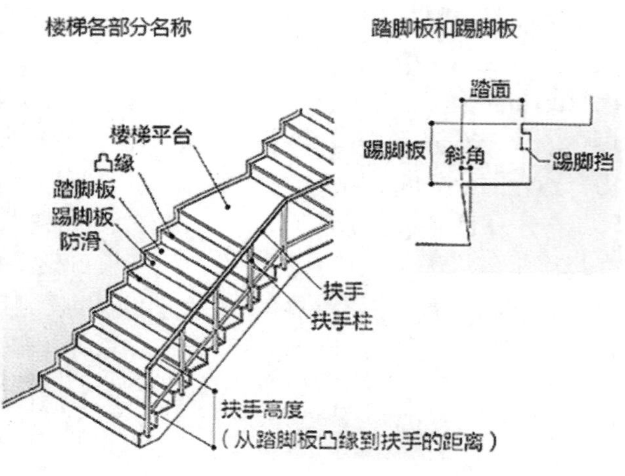

图4-91

4.11 阳台设计

4.11.1 阳台的功能分析

阳台，通常被人们作为晒晾衣物和储存杂物的场所来使用。但随着居住面积的扩大和人们对生活品质要求的提高，阳台在使用功能和形式上也发生了很大的变化，出现了双阳台或三个阳台，如与客厅、主卧室相邻的休闲功能性质的生活阳台，与厨卫相连的服务阳台等；在品位要求较高的住宅区，还出现180°观景阳台、落地窗观景阳台等。这些形式不仅满足了住宅建筑立面设计美观的需要，也为住宅区用户提供了与自然接触的舒适空间，给人以全新的生活享受，如图4-92和图4-93所示。

图4-92

图4-93

4.11.2 阳台的设计要点

(1) 作为服务性功能的阳台，应依据家务活动的类型、家庭生活习惯与居室的平面布局条件进行设计，考虑相关设备使用所需要的电源、管线的布置及储存物品的尺寸，避免杂乱无章，影响整个空间的视觉感官效果。

(2) 阳台设计，应考虑隔尘、保洁和安全等因素。地面尽量选用防腐木地板、花岗岩石材或地砖等具有防滑、防水、耐磨的材料，如图4-94所示。

(3) 休闲功能性质的阳台，可以根据主人的兴趣和爱好进行精心布局，使其成为整体区域空间中难得的娴静空间和亮点。例如，利用植物本身的生态特征来调节室内的温湿、净化空气、吸音降噪，配以休闲沙发或座椅，也可理水置石，听琴、品茗、观花、赏月，使其成为最具有情趣和品位的休憩空间。如图4-95所示，可把阳台设置为一个感受阳光、四季变化和思考的空间；如图4-96所示，绿化、小品的布置可增加生活中的趣味。

图4-94

图4-95

图4-96

本章小结

本章主要阐述了住宅功能分类设计的基本概念，比较深入地分析了居室各类空间的特点以及设计处理要求。除阐述各功能空间的设计要点之外，还对造型、色彩、照明和陈设等问题进行了针对性的描述，目的是使学生对居住空间设计有较为全面的认知，从各功能空间的真正需求出发，进行科学合理的空间方案设计。

思考与练习

1. 针对需要设计的居住空间或课题，进行平面分区和功能设计，并绘制相应的效果图。
2. 对已设计的方案分功能区域进行演示和讲解，进行讨论和交流。

第5章

居住空间界面设计及形式法则

学习目标

通过对居住空间各个界面的设计分析，掌握居住空间界面设计的处理方法；通过形式法则的学习，培养学生空间设计的审美能力，提高学生的空间造型能力与空间设计水平。

学习重点

不同界面的限定与组合方式；形式法则的表现与运用。

居住空间中主要的功能区域及设计要点，在第4章中我们已进行过较详细的阐述，接下来的工作就是针对空间的特性对其进行区域划分和界面处理了。居住空间中的空间形态主要是由实体界面限定而成的，不同的空间组织方法与限定方式，会使空间呈现出截然不同的感觉，人、物、行为活动都存在各自的特点，他们被空间界面围合，形成一个统一的空间形态。为了更好地发挥每一个元素在空间中的作用，本章将详细地对居住空间的各个界面进行设计分析，介绍各界面设计要素在居住空间中的处理手法和设计要点，并通过形式美的法则将其深化，以达到功能与形式美感统一的目的。

05

5.1 居住空间的组织方法

现代环境设计十分强调对空间关系的处理。住宅室内空间组织就是指对现有住宅功能区域的形、量、质等要素进行的整体调整、利用和再创造，如图5-1所示。对于居住空间来说，空间组织是进行一切程序化运作之前，必须确定并要以此为依据的核心内容，是衡量居住空间设计成功与否的关键。只有处理好各功能空间的关系，才能形成良好的视觉引导，让身处其中的家庭成员行动方便、互不干扰、使用顺畅、各得其所，以满足生活和精神的双重需求。

图5-1

虽然现在大部分的商品房在购买之前已经在功能上分成了客厅、卧室和厨房等空间，但我们可以从空间关系的组织、家庭各成员的行为习惯和活动流线出发，寸土寸金地组织和利用空间。小有小的优势，大有大的难处，我们必须了解空间特性和发挥该空间结构的优点，让有限的面积产生最大功效。

在居住空间组织的设计过程中，必须考虑如下几个方面。

5.1.1 功能特性

空间组织要抓住生活行为的基本要素以及要素之间的相互关系。对于空间来说，它的主体并不是具有长宽高、六个界面的“盒子”，而是具有行为能力、在空间中活动的人。因此，研究使用功能是空间组织划分的第一步，即决定各个空间的位置、面积、方向和动线等基本因素。例如，起居室、主卧室、老人房和餐厅等空间要设置在采光、通风、位置都比较理想的部位，同时需把握交通流线的因素，做到动静分区合理，使各个空间的关系顺畅有序。如图5-2所示，需根据居室中生活的每个人的行为来设计空间。

图5-2

5.1.2 行为特性

行为特性是研究人们在空间行为中所具有的共性和个性，有针对性地设计与其相对应的空间。人的动作和行为都有各种习惯性，也有共通性，在居住空间具体设计中要充分考虑到人的这一特性。例如下面几种行为特性，就是设计时需着重考虑的。

(1) “内门内开、外门外开”。

(2) 煤气、自来水、电器等把手或旋钮等设计大都遵循了从左到右的原则。

(3) 私密性。在卧室、书房、卫生间等或家庭作为个体对外的空间范围内对人的视线、声音等方面具有隔绝要求。如图5-3所示为独立、私密的卧室空间。

图5-3

(4) 尽端趋向。为了主人或老人在休憩时不被打扰，主人房或老人房等有选择性地采用了尽端趋向的原则。

(5) 参照性。通常在功能区域之间的承转处，我们需要用符号式的设计语言进行传达，以使人具有方向性和连续性。这就像指路时与人说明哪里有什么标志性或显而易见的建筑、标记一样，在居住空间中，空间承转处的设计是空间限定和组织的关键，可以取得丰富多彩的视觉效果。

另外，人的空间行为因生活习惯及文化背景不同而存在差异，设计时必须考虑不同的行为习惯来进行设计，也就是说，既是设计住宅空间，更是设计生活方式。现代社会中人们的生活需求是多种多样的，空间组织要从分析生活行为入手，认真对待细节。如果做到了这一点，即使在固定了平面形状的单元户型中，也可以创造出个性化的生活。如图5-4所示为个性化的卧房设计图。

图5-4

5.1.3 空间特性

居住空间中，空间自身的结构特征和物理环境特征是设计之前必须深入记录和研究的问题。空间自身结构包括房屋的承重结构、梁柱的位置和尺寸、各种设备接入及其容量规格以及各种管道口的位置尺寸，这些对空间合理有效的使用起到了至关重要的影响；其次是空间的物理环境特征，这些因素包括室内空气的流通、日照是否充足、外环境对内的影响、防噪隔音吸声及空气质量等，这些因素严重影响着人在室内活动时的安全、健康和舒适度，需要通过设计师的精心布局使其得以完善，如图5-5和图5-6所示。

图5-5

图5-6

居住空间组织的最终成果，是通过对原有建筑空间进行划分和限定后，得到一系列具有明确关系和功能性的不同区域。由于不同区域的物理、生理及心理要求，在平面组织的过程中，我们还要利用不同的限定方法，使空间层次更加丰富，空间尺度更加合理，视觉感受更加舒适。图5-7所示为某居室的平面规划方案。

05

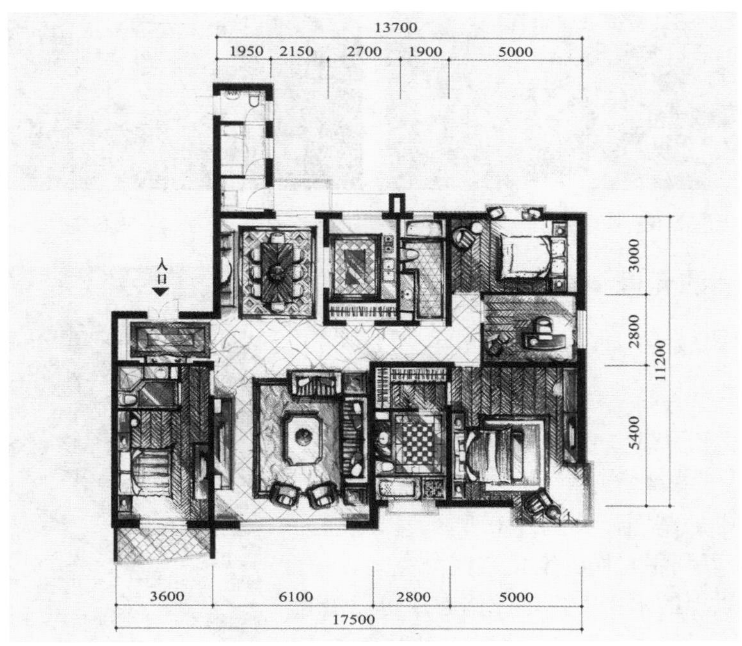

图5-7

图5-5：现场测绘、原始尺寸的推敲对下一步设计的成败至关重要。

图5-6：与业主、施工方的交底工作。

05

5.2 居住空间的限定方式

对于空间来讲，优秀的设计者都会突破其原有的长宽高形态，将其视为四维空间状态而进行设计，即融入时间概念。早在两千多年前的《道德经》第十一章中就有：“埏埴以为器，当其无，有器之用。凿户牖以为室，当其无，有室之用。故有之以为利，无之以为用。”这三句道出了体与用、建筑实体与空间之间的微妙关系。空间是依靠实体的限定而形成的，离开了实体的限定，空间就不存在了。但虚体才是空间，才是真正利用的部分，就如同凿门是为了出入、开窗是为了采光的道理一样，“实体”与“虚体”的辩证关系十分微妙，这也就是空间设计给人以强烈视觉和感染力的关键。在未购置家具之前，空间只能从大小和朝向等方面来分析它是做什么的，却没有任何实质的功用，如图5-8所示；家具购置，空间形成，但只有使用者生活在其中，这个空间才会真正地发挥空间的作用，如图5-9所示。

图5-8

图5-9

5.2.1 限定空间的元素

1．水平要素限定的空间

基面：一个水平方向上简单的空间范围，可以放在一个相对的背景下，限定了尺寸的平面可以限定一个空间。基面有以下三种情况。

(1) 地面为基准的基面，如图5-10所示。以地面为基准的水平基面可以利用材质的变化来区分空间。

(2) 抬到地面以上的水平面，基面抬起。可以沿它的边缘建立垂直面，视觉上可将该范围与周围地面分隔开来。

(3) 水平面下沿到地面以下，能利用下沉的垂直面限定空间体积，为基地下沉。

抬起的基面可以划定室内室外之间的过渡空间。

图5-10

和屋顶面结合在一起则会发展成一种半私密性的门或廊道。在建筑物内部的空间里，一个抬起的地面可以限定一个空间，作为其周围活动的一个通路，它可以是观看周围空间的平台；也可以是让四周观看它的舞台；还可以用于室内一个表达神圣或不寻常的空间。在住宅里，它还可以作为将一个功能区与其他功能空间相区分的设计手法。下沉的基面可以创造一种渐变的过程，使下沉空间与周围空间之间形成空间的连续性，下沉于周围环境中的空间，暗示着空间的内向性或其遮挡及保护性。

图5-11

顶面：如同一棵大树在它的树荫下形成了一定的绿荫范围，也就是我们刚才提到的覆盖。建筑物的顶，也可以划定一个连续的空间体积，这取决于它下面垂直的支撑要素是实墙还是柱子。住宅设计中的顶面处理，如图5-11所示。屋顶面可以是建筑形式的主要空间限定要素，并从视觉上组织起屋顶面以下的空间形式。同基面的情形一样，顶面可以经过处理去划分各个空间地带。它可用下降或上升来变换空间的尺度，通过它划定一条活动通路。顶面可以决定空间高度，不同的高度对人的心理感受会产生不同的影响。这可以从两个方面进行分析：一方面是绝对高度——以人为尺度，过低会使人感到压抑；过高会使人感到不亲切，但却具有崇高、不可逾越的感觉。另一方面是相对高度——空间的高度与面积的比例关系，相对高度越小，顶面与底面的引力感越强，如图5-12所示。顶棚的形式、色彩、质感和图案，可以经过处理来改进空间的效果或者与照明结合形成具有采光作用的积极视觉要素，还可以表示一种方向性和方位感，如图5-13所示。

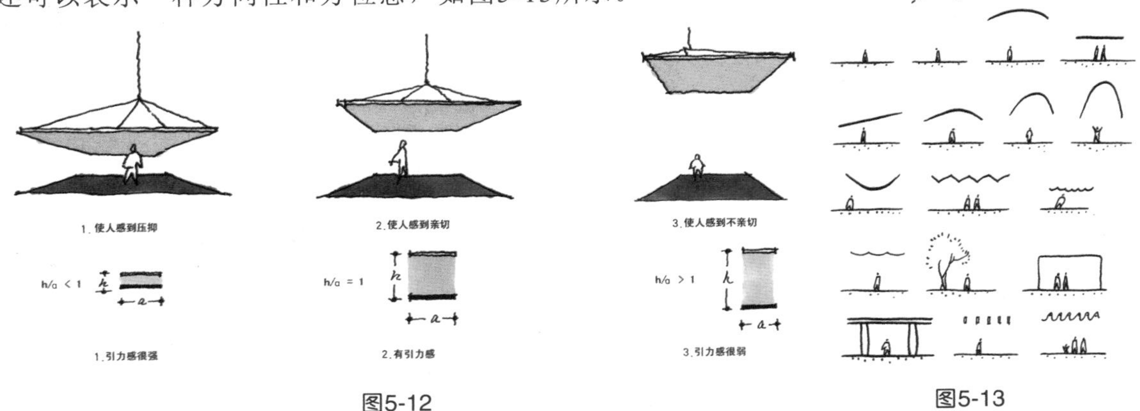

图5-12　　图5-13

图5-12：顶面围合的形式、高度、图案、硬度、透明度、反射率、吸音能力、质地、颜色、符号体系和程度都明显地影响着空间的特性。

图5-13：顶面限定的高度与人心理感受的关系。

2. 垂直要素限定的空间

垂直形状，在我们的视野中通常比水平面更加活跃，因而用它限定空间体积会给人以强烈的围合感。垂直要素还可以用来支持楼板和屋顶，它们控制着室内外空间视界和空间的连续性，还有助于调节室内的光线、气流和噪声等。

常见垂直要素如下。

(1) 线的垂直要素，可以用来限定空间体积的垂直边缘，如柱子，一根柱子处于不同的方位有着不同的作用，但它若在空间中独立，则可以限定房间各个空间地带；两根柱子则可以形成一个富于张力的面；三个或更多的柱子则可以安排成限定空间体积的角。线要素在空间中的限定方式，如图5-14所示。

(2) 一个垂直面将明确表达前后面的空间。它可以是无限大或无限长的面的部分，是穿过和分隔空间的一个片，它不能完成限定空间范围的任务，只能形成一个空间的边界，为限定空间的体积，它必须与其他形式要素相互作用。它的高度的不同影响到其视觉上的表现空间的能力：当它只有 60cm 高时，可以作为限定一个领域的边缘；当它齐腰高时，开始产生围护感，同时它还容许视觉的连续性； 但当它高于视平线时， 就开始将一个空间同另一个空间分隔开了；如果高于我们的身高时，则领域与空间的视觉连贯性就被彻底打破了，并形成具有强烈围护感的空间。一个垂直界面对它前后空间的限定，如图5-15所示。

(3) 一个“L”形的面，可以形成一个从转角处沿一条对角线向外的空间范围。这个范围被转角造型强烈地限定和围起，而从转角处向外运动时，这个范围就迅速消散了，它在内角处有强烈的内向性，外缘则变成外向。“L”形的面是静态的和自承的，它可以独立于空间之中，也可以与另外的一个或几个形式要素相结合，限定富于变化的空间。

(4) 平行面，可以限定一个空间体积，其方位朝着该造型敞开的端部。其空间是外向性的。它的基本方位是沿着这两个面的对称轴的。沿造型开放端空间范围的确定，可以通过对基面的处理，或者增强顶部构图要素的方法，使视觉上得到加强。平行面在空间中限定的方式，如图5-16所示。

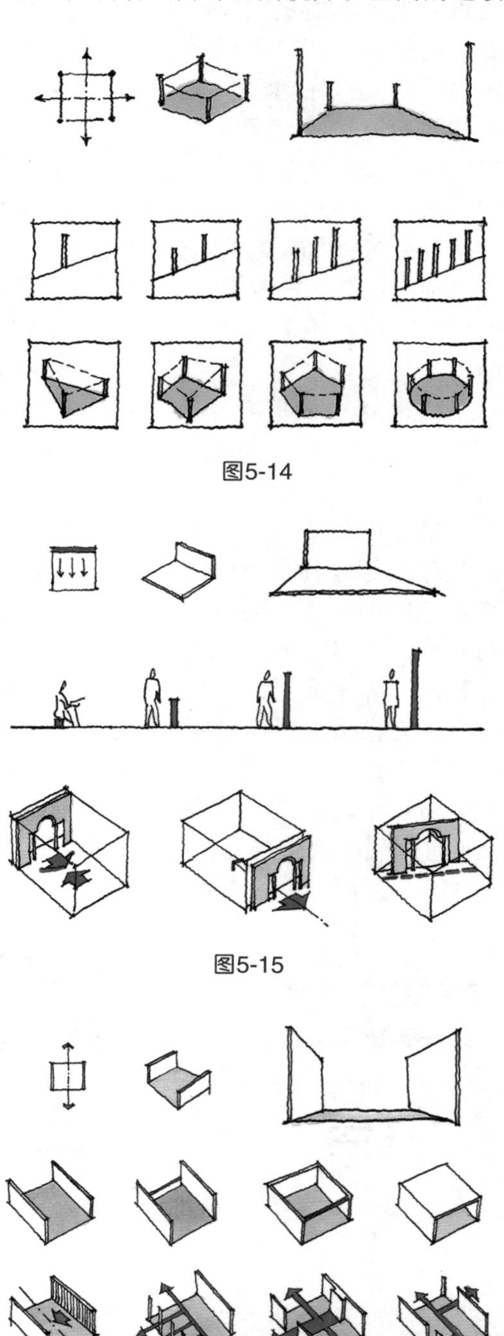
图5-14

图5-15

图5-16

(5) “U”形面可以限定一个空间体积，其

05

方位朝着该造型敞开的端部，在其后部的空间范围是封闭和完全限定的，开口端则是外向性的，是该造型的基本特征。因为相对于其他三面，它具有独特性的地位。它允许该范围与相邻空间保持空间上和视觉上的连续性。若把基面延伸出开口端，则更能加强视觉上该空间范围进入相邻空间的感觉，而与开口端相对的面则为三面墙的主墙面。若在造型的转角处开口，则该空间会造成几个次要地带，使其呈多向性和流动性。如果通过该造型开口端进入这个范围，在它后部的主立面处设置一物体或形体，将结束这个空间的视野。如果穿过一个面进入该领域，开口端以外的景象将会抓住我们的注意力，并结束序列。如果把窄长的空间范围中窄端打开，该空间将促使人们运动，并对活动的程序和序列起导向作用；如果将长端打开，空间将很容易被继续划分。如果空间是正方形的，那它将呈现静止状态，并有一种处于场所之中的状态。空间的U形围护物，可以在尺度上有大幅度的变化，小到房间的壁龛，大到一个旅馆或住宅的房间，一直到带拱廊的室外空间，组成一个完整的建筑综合体。

(6) 四个面的围合，将围起一个内向的空间，而且明确划定沿围护物周围的空间。这是建筑空间限定方式中最典型、也是限定作用最强的一种。在该范围的各面不设有洞口时，它是不可能与相邻空间产生空间上和视觉上的连续感的。洞口的不同尺寸、数目和位置也会削弱空间的围护感，同时还影响到空间流动的方位，影响到采光的质量、视野以及在空间的使用方式和运动方式，明确限定和围起的空间范围，在各种尺度级别的建筑物中均可见到，大到城市广场、建筑物的内庭，小到建筑组合中的一个房间，无所不有。四个面的围合形式图解，如图5-17所示。

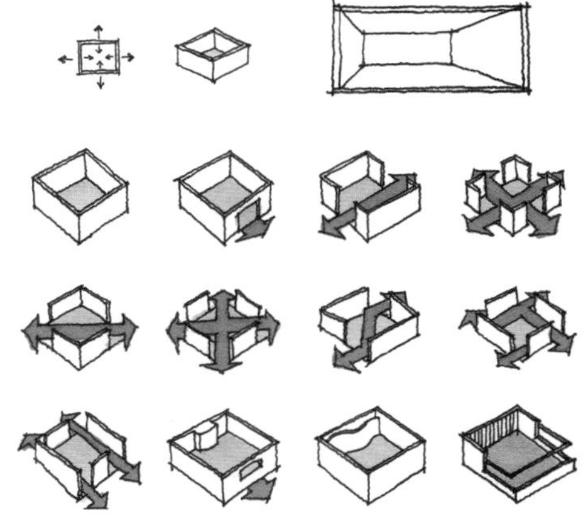

图5-17

5.2.2　空间限定的方式

在居住空间中，各功能区域之间需要不同的实体限定方式来形成空间感觉。其限定方式包括以下几方面。

(1) 围合：空间限定最常见、最典型的方法，常用隔墙、隔断、家具、布幔和绿化等元素对空间进行划分和界定。由于这些元素在高低、疏密、质感和透明度等方面的不同，其所形成的限定度也各有差异，空间感觉也不尽相同。住宅空间围合主要是以墙体为主，此外，可根据各功能区域的性质采用不同元素进行围合，如图5-18所示。

(2) 覆盖：一般是通过顶面覆盖并与陈设之间的配合来实现的，如面积大小基本一致的吊顶和地面彼此呼应，会在开敞的空间中区别于其他而形成限定性。在家居空间设计中，覆盖这一方式常用于比较高大宽敞的空间，由于限定元素离地面的距离、透明度、质感等的不同，其形成的限定效果也有所不同。覆盖是利用顶面来区分和限定空间的形式，如图5-19所示。

图5-18

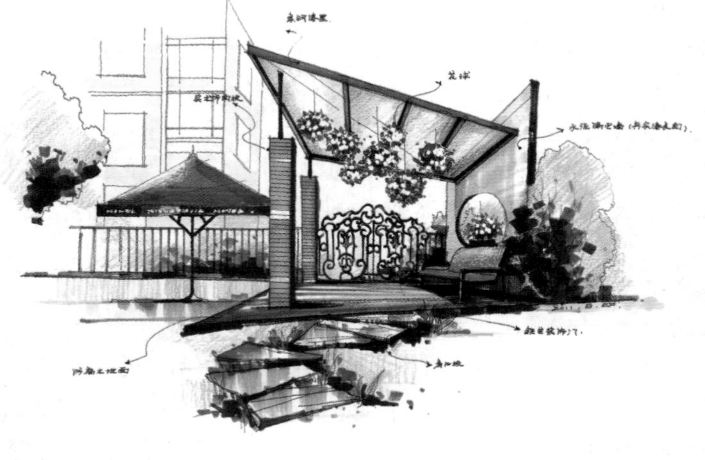

图5-19

(3) 基面抬起：将区域地面凸出升高，形成高于周围地面的空间。在家居设计中，经常将餐厅或卧室内的休闲区域等按此方式进行划分，从而产生强调、突出和展示等功能，有时也具有限定人们活动的意味。利用基面抬起方式限定空间，如图5-20所示。

图5-20

(4) 基地下沉：与基面抬起相反，基地下沉的方式是使地面凹入低于周围的空间，从而形成具有隐蔽性、向心性的空间。下沉区域内部可以营造出一种沉静安全的感觉，同时也可以为周围空间营造出居高临下的视觉条件。无论是抬起或下沉，都涉及地面高差的变化，因此

在高差变化的边界处理上应注意识别性及安全性的问题。通过精确的计算，下沉空间使人在空间中的正常活动尺度得以实现(设计：吕永中)，如图5-21所示。

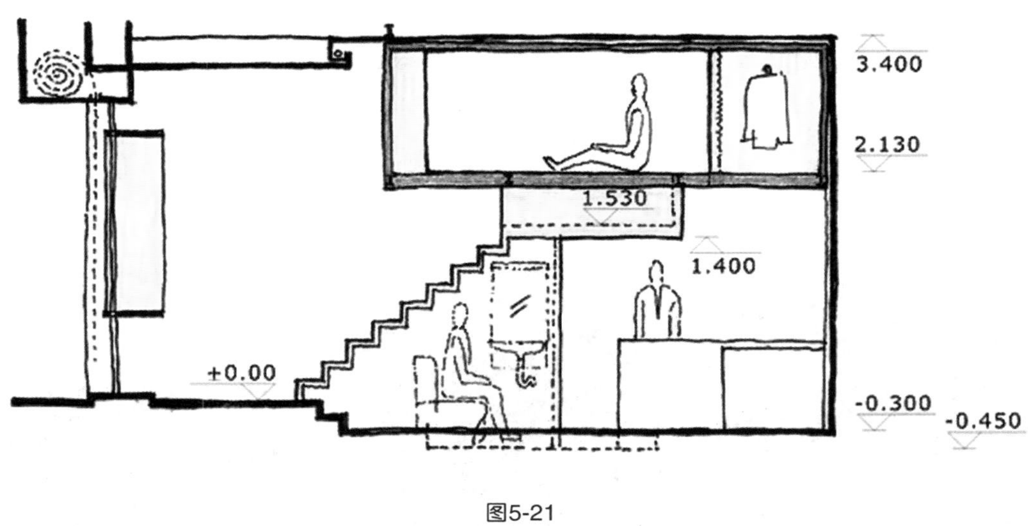

图5-21

(5) 架起：利用吊杆悬吊、构件悬挑、梁柱架起的手法解放原有的地面，从而在原有地面的上方创造出一个新的限定空间，如图5-22所示。在跃层或举架较高的居住空间中，设置夹层是运用架起手法的最典型例子，这种方法可以提高空间利用率，对于丰富空间效果也能起到很好的作用。

图5-22

图5-22：在空间尺度允许的情况下，通过架起的结构形成另外一个区域，使功能更完善，使用效率更高。

(6) 设立：通过将限定元素设置于原空间中，从而在该元素周围限定出一种隐喻的、领域性的空间。这种限定元素包括家具、雕塑或陈设品等，只要这种元素视觉感受突出，能够引人注目，就足以形成对该空间的限定效果。图5-23所示为依靠家具的设置，隐喻地形成一种领域感。

(7) 质地的变化：在家居设计中，通过界面质感、色彩、形状及照明方式的变化，也可以产生空间的限定感。例如，客厅地毯、厨卫空间中的瓷砖一样，我们可以通过质地的变化对空间有所区分，也可以通过人的主观意识限定出不同的空间氛围。这种限定方式的限定程度较低，但它可以保持空间之间极大的流通性。利用色彩的变化，产生空间的限定感，主观意识限定出不同的空间氛围，如图5-24所示。

图5-23

图5-24

空间限定的方式(见图5-25)包含了以上七种，它们可以在原有的空间中限定出新的空间，然而由于限定元素本身的特性和限定元素组合方式的不同，所形成的限定感觉也不相同，这就形成了强弱不同的空间限定感觉，我们可以通过表5-1来参考设计。

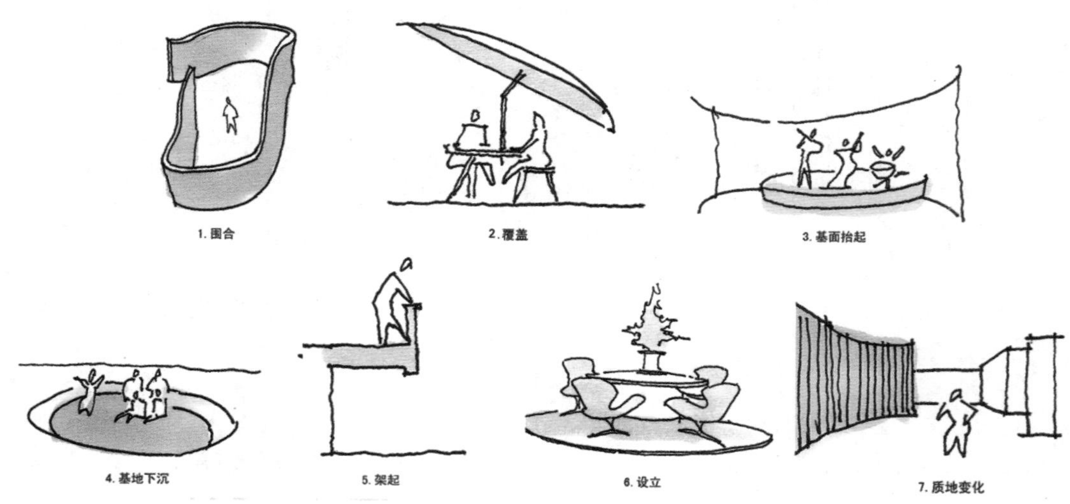

图5-25

05

表 5-1　限定元素的特性与限定程度的强弱

限定度较强	限定度较弱
限定元素高度较高	限定元素高度较低
限定元素宽度较宽	限定元素宽度较窄
限定元素为向心形状	限定元素为离心形状
限定元素本身封闭	限定元素本身开放
限定元素凹凸较少	限定元素凹凸较多
限定元素质地较硬较粗	限定元素质地较软较细
限定元素明度较低	限定元素明度较高
限定元素色彩鲜艳	限定元素色彩淡雅
限定元素移动困难	限定元素易于移动
限定元素与人距离较近	限定元素与人距离较远
视线无法通过限定元素	视线可以通过限定元素
限定元素的视线通过度较低	限定元素的视线通过度较高

5.2.3　限定元素与限定元素的组合方式

除了限定元素自身的特性外，空间处理通常是通过不同限定元素之间的组合来完成的，这些组合方式也会对限定感觉、强弱产生很大影响。在这里，我们为了分析，假设各限定界面均为面状实体，对不同的限定元素、限定元素的组合方式与限定程度的关系方面进行分析。

1．垂直面与底面的相互组合

由于室内空间的最大特点在于它具备顶面，因此严格来说，仅有底面与垂直面组合的情况是较难在居住空间中找到的。但现在，我们可从研究问题的角度出发，对这种组合形式加以分析。图5-26所示为垂直面与底面的组合。

1. 底面加一个垂直面

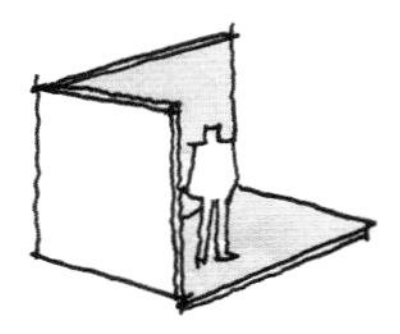

2. 底面加两个相交的垂直面

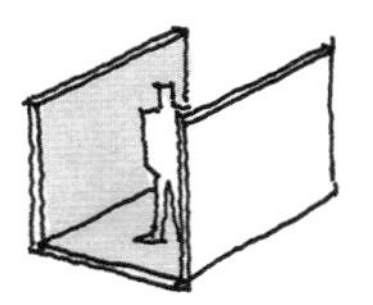

3. 底面加两个相向的垂直面

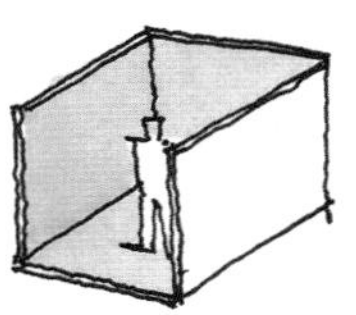

4. 底面加三个垂直面

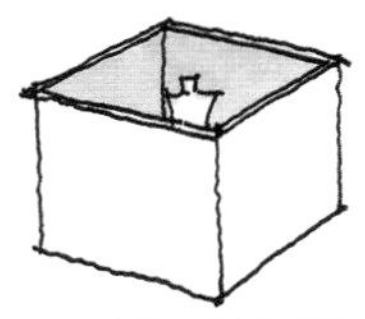

5. 底面加四个垂直面

图5-26

(1) 底面加一个垂直面。只有一个底面和一个垂直面作为限定时，这个底面的领域性较强；而这个垂直面也对视线和人的行动起到了较强的限定作用。当人背向垂直面时，可以产生依靠感和背景的感觉。这种组合如同舞台和布景的组合，产生了一种对周边的视觉引导。

(2) 底面加两个相交的垂直面。这种组合具有了一定的限定度和围合感，开口处具有导向性。

(3) 底面加两个相向的垂直面。在这种组合中，面朝垂直限定元素时，具有一定的限定感。相向的两个垂直限定元素在长度大于高度或具有较长的连续性时，就会产生线性的空间力象，与走廊所产生的流动感觉相近。

(4) 底面加三个垂直面。这种组合方式的限定度是比较高的。当人面向无限定元素的方向，则会产生较强的“居中感”和“安定感”。

(5) 底面加四个垂直面。这是具有强烈封闭感的组合方式，此时的限定度很大，人的行动和视线均受到限制。

2．顶面、垂直面与底面的相互组合

顶面、垂直面与底面的相互组合，如图5-27所示。

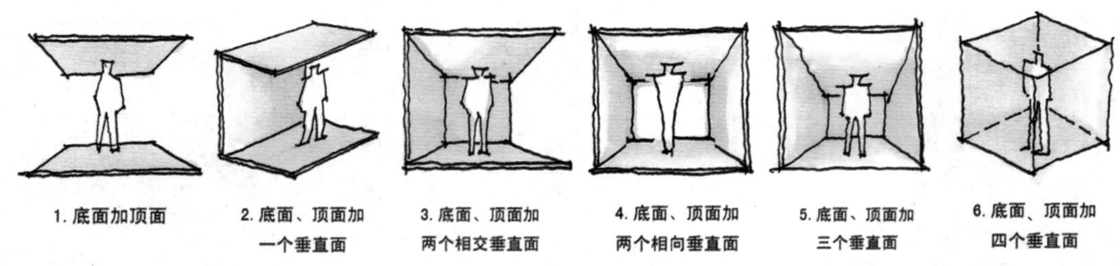

图5-27

(1) 底面加顶面。限定度较弱，但有一定的领域感，在开敞的现代居住空间中，起居、餐厅等公共区域可选用这类组合形式，即通过地面铺设与天花呼应来区分空间。

(2) 底面、顶面加一个垂直面。这种组合的限定程度仍然较低，但形成的视觉引导性较强，如同餐厅中设立的吧台、酒柜及悬挂的酒架间的组合。

(3) 底面、顶面加两个相交垂直面。当人们面朝垂直限定元素，具有一定的限定度与封闭感，当人们背向角落面向无限定元素的开口处，则具有一定的居中感。

(4) 底面、顶面加两个相向垂直面。这种方式可以产生一种管状空间，空间沿两个开口而产生方向感和线性通道感觉。

(5) 底面、顶面加三个垂直面。当人们面向没有垂直限定元素的方向时，有很强的安定感；反之，则有很强的限定度和封闭感。

(6) 底面、顶面加四个垂直面。这种组合方式如同居住空间中一个个封闭的小空间一样，给人以限定度高、私密感强的空间感受。

作为居住空间中的限定元素组合，需要根据实际情况和心理感受进行变化和组织，由于限定元素的长宽高、材质和形状均可以改变，因此形成的空间限定效果也丰富多样。

5.3 居住空间的界面处理

所谓空间界面，就是指围合成一个个功能性区域的底面(底面、楼面)、侧面(墙面、隔断)和顶面(平顶、吊顶)。居住空间的界面设计包括：界面的造型、色彩设计、材质的选用和构造问题。界面设计既有造型和审美要求，也涉及功能技术问题。

居住空间的界面设计，应根据已确定的空间组织、平面布局，结合空间特点和空间设计

风格，综合室内的结构、设施设备等各种因素来进行，从而创造出美观、宜人、安全、实用并合理的居家环境。无论任何空间，在设计时都需要空间型、空间色、空间材质及空间陈设的设计，如图5-28所示。

图5-28

在空间设计时，对于底面、侧面、顶面等各类界面，不仅要考虑到它们在使用功能方面各自的特点，还要注意对于家居空间的共同要求。

(1) 耐久性及使用期限的要求。

(2) 耐燃、防火(选材时尽量采用不燃或难燃性材料，以避免燃烧时释放浓烟和有毒气体)。

(3) 无毒(指散发气体及触摸时的有害物质低于核定剂量)。

(4) 无害的核定放射剂量(如某些地区所产的天然石材，具有一定的氡放射剂量)。

(5) 易于制作、安装和施工，便于更新。

(6) 必要的隔热保暖、隔声和吸声性能。

(7) 装饰及美观要求。

(8) 相应的经济要求。

从各个界面的实用性出发，我们在进行界面装饰处理之前，首先应当对应各个界面的功能特点来分析界面物理环境的基本要求。例如，地面和楼面的基本要求是耐磨、防滑、易清洁、防静电、防潮防水等；墙面和隔断要求能够遮挡视线，具有较高的隔声、吸音、保暖、隔热等要求；吊顶的基本要求是质量轻、光反射率高，具有较高的隔声、吸音、保暖和隔热等要求。其次，设计界面的造型、线脚和界面上的图案肌理，选择符合整体风格的材质、色彩，控制室内的采光、照明，都是影响住宅室内感受的主要因素。

形状是创造空间视觉效果的重要媒介。界面造型，通常是以结构、墙体等为依托，以结构体系构成轮廓，形成平面、拱形和折面等不同形状的界面。不同的界面形式给人的心理感受是不同的，如水平、垂直的界面是最为常用的。水平界面显得平和安定，但会略显单板；垂直界面显得挺拔，有高度感；斜面有动感，视觉效果强烈；曲面造型显得温和轻柔，具有动感和亲切感。几何曲面的界面形状较为理性，而自由曲面则显得奔放与浪漫。在设计时，界面造型和图案必须服从居室整体风格和氛围要求，考虑造型对视线、空间导向等的影响，寻找设计元素之间的相互关联和比例关系，从而完成空间形态的设计，如图5-29～图5-31所示。

室内界面，由于线形的不同划分、色彩深浅的不同配置、材质花纹大小的尺度各异以及不同材质的肌理感，都会给人不同的空间视觉感受。需要注意一点，两个不同界面、不同材料边缘的交接“收口”问题是空间设计中的难点之一。通过界面相交的边界收口可以看出施工质量，同样影响空间效果。例如，踢脚线是地面与垂直墙面交接语言的关键，处理不好，不仅会影响视觉效果，还会影响空间质量，如图5-32所示。

图5-29

图5-30

图5-31

图5-32

图5-29：空间主题设计参考元素。

图5-30和图5-31：根据巧克力主题定位的空间陈设(设计：王晓东、王仁杰)。

1．底面(地面、楼面)的装饰设计

作为居室中的楼地面，设计之初首先应考虑使用上的要求：门厅由于人员流动性较大，地面应具有足够的耐磨性，并要便于清扫和维护，因此多采用木地板、石材和地砖等(见图5-33)；客厅应考虑安静、耐磨、冬暖夏凉的要求，因此通常选用具有传热性的木地板、地砖和吸声的地毯等材料(见图5-34)，使人具有温暖、柔和的感觉；浴室、厨房的地面需要很高的防火、防水、耐酸、耐碱等能力，并要求防滑、易于清洁，因此多采用陶瓷锦砖(马赛克)、瓷砖及玻化砖等(见图5-35)；对于某些空间的地面来说，也许还会有较高的声学要求，如书房、练琴室等，为减少空气传声，要严堵孔洞和缝隙，为减少固体传声，要加做隔声层。

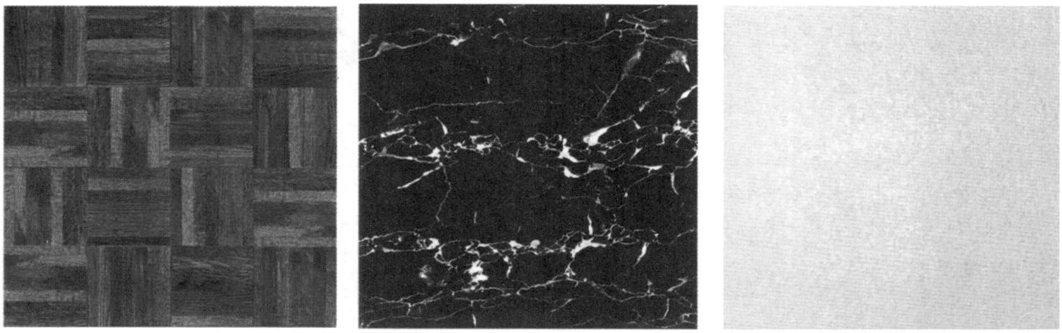

图5-33

图5-34

图5-35

由于地面在整体空间中所占面积较大，图案、质地和色彩都会给人留下深刻印象，甚至影响整个居室的气息，因此必须慎重选择和调配。地面图案的选择要充分考虑空间的性质和氛围的把控。在客厅、过厅，由于地面视觉比重较大，可采用中心比较突出的地毯或拼花石材与吊顶、灯具相呼应，创造空间庄重、华贵的效果；如空间中家具布置较多，不易形成视觉重心时，则要避免采用中心突出的图案，单元型较小的网格组合图案或弱化地面效果可以达到平和稳定的整体空间印象；对于具有视觉导向要求的地面，可采用斜向图案或具有序列感的图形排列方式，以起到空间提示和引导的作用。为了寻求风格化的空间特征，地面材质要随风格来进行选择与变化。如图5-36所示，如同天然动物绒毛一样的地毯突出了空间的华贵与典雅。

图5-36

图5-37

2．侧面(墙面、隔断)的装饰设计

侧面又称为垂直界面，有开敞和封闭两大类。前者指立柱、幕墙、有大量门窗孔洞的墙体和各式各样的隔断，以此围合的空间是开敞或半开敞的；后者是指实墙，以此围合的空间，常形成封闭式空间。侧面面积较大，与人的视距通常也是最近的，因此侧面在居室设计的功能性、艺术性方面的要求都是最高的，必须在造型、选材和色彩等方面进行认真推敲，充分体现设计意图。如图5-37所示，拱形窗的设置，令枯燥的墙面变得灵动。

居住空间中的侧面通常被用作区分不同的功能区域，以此，侧面处理的关键即是把握各空间之间的围透关系，也就是虚实处理。围而不透的空间使人感觉压抑、闭塞，透而不围又会显得零散无序。因此，侧面设

计时要注意空间之间的关系以及内外关系，做到该隔不透、该透不隔，充分利用室外的景色以及室内景与景之间相互框、借、对的关系，丰富空间层次，创造美观惬意的空间感受。如图5-38所示的设计巧妙的空间隔断。

主要功能区域的侧面造型与材料的处理如下。

(1) 门厅：门厅隔断造型多是以全隔断和半隔断为主，结合1m左右高度的鞋柜。视线屏蔽和存储更衣是界面设计的关键，造型宜与客厅形成同一风格。由于入口处只是整个空间的“序曲”，因此设计造型应说明整个居室的情调与主题，但过于复杂会使其显得拥堵。如图5-39所示，门厅的布局应根据空间要求设计。

图5-38

图5-39

05

(2) 起居室(客厅)：通常，起居室(客厅)是用沙发、茶几、地毯、壁炉或视听组合等围合而成的向心性区域。客厅的景墙作为界面造型的重点，作用在于辅助家具陈设及协调居室整体风格，因此这里的设计也是整个空间界面处理的关键。造型上，可以运用各种手段来突出客厅的个性特点，但要注意：一定要与家居陈设形成统一风格；视觉重心和主从关系的处理；色调应稳重和谐。材料选择上，客厅的装饰面层宜采用耐磨或易清洗的表面，墙纸、大理石、玻璃和带有肌理的木质材料等都是较为常用的景墙用材。

由于客厅装饰陈设较多，因此空间尺度、设备布置、统一风格十分重要，如图5-40所示。对于客厅的视听设备或壁炉等，应事先根据尺寸和位置隐藏铺设好管线，过多的线路会影响空间效果，造成视觉上的杂乱无章。

(3) 走廊：走廊的造型应根据空间风格和自身的导向来进行设计。常用的设计手法是：运用等分单元格形式强化通道的作用，如墙面上平均悬挂三幅以上的装饰画、连续的壁灯等，如图5-41所示。狭长的走廊墙面应避免使用有刺激性、膨胀感的颜色，导向性要明确，如空间条件允许，可在保持走廊线性的基础上设计凹入墙面的景致以增加此处的趣味性，避免单调枯燥。如图5-42所示，利用无眩光的云纹吊顶及嵌入式的镜面，避免了走廊过长的压抑感。

图5-40

图5-41

图5-42

(4) 餐厅：通常，餐厅作为家庭中较为开敞的公共区域，在设计时应考虑墙面造型与家具布局的整体呼应，并用精致的餐旗、餐具、花卉、餐柜、装饰工艺品、灯具等作为衬托，以

营造优雅、舒适的就餐环境。墙面应考虑空间整体设计风格并选用耐水、耐酸碱、易清洁的装饰面材。从餐厅的功能性来讲，桌面是重点。为了突出重点，墙面不宜采用过花、过复杂的装饰。整个餐厅应围绕餐桌这一空间中心点来设计，如图5-43所示。

(5) 卧室：在侧界面处理上，卧室通常是以床头景墙、衣柜及窗口形成的闭合式空间。床是功能区域中心，应配合床的选择来进行装饰设计，并力求营造亲切、舒适和宁静的空间氛围。卧室的墙面材料有很多，如内墙涂料、墙纸、带有肌理的木饰面板、软质织物等，其图案花纹和颜色应根据住户的年龄、个人喜好来进行选择。如图5-44所示，墙面采用皮质软包装饰，空间感沉稳舒适。若居室的位置正好处于强光照射之下，木隔窗既让卧室的光亮度得到了很好的控制，又可以感受到阳光洒进居室的快乐(如图5-45所示)。光照所形成的影子，也是塑造空间美感的重要因素。在这里光不但“有形”，而且能让你用手“触摸”(如图5-46所示)。

图5-43

图5-44

05

图5-45

图5-46

(6) 厨卫空间：厨卫空间的重点是空间的收纳功能以及防火、防水、耐高温、易清洗，因此界面通常会选用瓷砖、人造石材和马赛克等，如图5-47所示。

侧界面是家具、陈设和各种壁饰的背景，要注意发挥其衬托的作用，还要保证其与整体格调的协调统一。如图5-48所示，墙面挂画增加了空间的气氛；图5-49所示，儿童房的原木及壁纸充分传达了空间主题。

图5-47

图5-48

05

3．顶面(平顶、吊顶)的装饰设计

顶面即空间的顶部。在楼板下面直接喷涂进行处理的顶面成为平顶；在楼板之下另作新的顶面称为吊顶或吊棚，顶又被称作天花。

顶面几乎毫无遮挡地暴露在人们的视线之内，并包含了线路、通风、烟感和喷淋等诸多设备，虽然家居空间的顶面不像公共空间顶面中的设备那样复杂，但同样会影响环境的视觉效果和使用功能。居住空间中的顶面，首先要考虑空间的功能性，主要是照明要求，不同区域应选择适合的灯具配置。例如，阅读和工作区的照明辨色要求很高，应选择显色指数高于80的灯具，光源色为中间色；起居、休闲区域的辨色要求一般，显色指数可在40～60之间，光源色为暖色偏黄。家居空间的光线多以暖色光为主，如图5-50所示。在功能较为特殊的练琴室和视听室，顶面设计还应满足吸音、隔声或达到良好音质的声学要求。其次应该考虑的

图5-49

是比例与尺度，一味地追求吊顶造型的浮华会使原本高度较低的空间变得更加低矮而显得局促和压抑，因为吊顶的形式可以影响空间的体量感、强化空间结构和特色，因此居住空间的顶面必须根据整体空间的结构、尺寸、高度及视觉感受来设计。

图5-50

主要功能区域的顶面造型与材料的处理如下。

(1) 门厅：门厅的空间比较局促，容易产生压抑感，处理得好也可以丰富、延伸和扩大空间感。处理时，以客厅为基础略微简洁一些并与客厅风格相统一。根据家具的陈设，可设置局部照明。例如，门厅的整体照明可选择筒灯或装饰吊灯，如果门厅中放置条案、雕塑、花摆等装饰品，则需要在适当的位置放置局部照明，如图5-51所示。

(2) 起居室(客厅)：起居室的吊顶造型必须结合家具、灯具，与空间风格、高度统一设计。一般来说，这部分空间会以正规的正方形、长方形或圆形出现，因此吊顶通常以对角线的形式来寻找中心点，然后悬挂吊灯或其他灯饰。灯饰在客厅中起到了决定性的作用，或豪华、或优雅、或朴实、或平和、或活跃的艺术氛围在此表露无遗。配合此灯饰及整体风格，我们通常会采用四边低、中间高的吊顶或反其道行之(即中间低、四边高的吊顶)，其目的是利用间接照明突出墙面造型。图5-52所示为与黑色细条纹高度吻合的铁艺灯具。

图5-51

图5-52

(3) 走廊：走廊的顶部与其墙面应相互配合，如墙面采用等分单元格，顶部也可与之衔接。如有造型，宜横向设置，可以从视觉上拉宽水平方向的尺度感，如图5-53所示。

(4) 餐厅：处理时，以客厅为基础略微简洁一些并与客厅风格相统一。有时可降低吊顶，目的是使进餐空间更加亲切。理想的灯光能够起到增进食欲、渲染用餐环境的作用。在餐厅中多选用柔和的暖光源，有足够的亮度以辨别食物的颜色和种类，如图5-54所示。

05

图5-53

图5-54

(5) 厨卫空间：由于管线设施设备较多，这部分顶面在设计时首先应考虑防火、耐热、不污染和防褪色等物理条件。另外，由于厨卫空间具有烹饪、化妆的基本功能要求，灯具不宜选择显色指数较低或光源色偏冷、偏蓝的灯具。一般来说，厨卫空间多选用造型简洁、节能荧光管的吸顶灯作为主光源，如图5-55所示。

图5-55

作为家居空间，除厨卫空间及阳台以外，顶面饰面材料主要是以纸面石膏板喷、涂乳胶漆为主，也可以采用质量较轻的墙纸、墙布、人造革、织物或木材等；为了追求现代感、需作防火处理、需透光、需隔热或为了扩大室内空间感时，我们也可在装饰要求较高的空间中运用钢材、玻璃、锦砖或镜面等作为吊顶材料。而在厨卫空间，通常会将质量轻、耐高温以及不褪色的铝扣板(方形和条形)作为顶面材料的首选。

5.4 形式法则

就居住空间环境而言，一方面要满足居住者在功能使用上的要求；另一方面还要满足人们精神感受上的要求。为此，不仅要赋予各功能空间实用的属性，而且还要赋予它们美的属性。要创造出美的空间环境，就必须遵循美的法则来构思和设想，我们今天所提及的形式法则，与人们所谓的审美观念是有所区别的。前者是带有普遍性、规律性、必然性和永恒性的法则；后者则是随着民族与地域和时代的不同而变化发展的、较为具体的标准和尺度。前者是绝对的，后者是相对的，因此我们应当从普遍、必然引起人们美感的共同形式准则出发，以理性的态度分析和调整设计作品，将空间中的形状、色彩、方向、大小和材质等形态要素辅以条理、合乎逻辑的关系，从而唤起人们对于居住空间的美感。

由于时代发展、地域文化的差异，人们的审美观念会随着时代和客观条件的发展而产生变化，如20世纪90年代初，居住空间中的形态要素总是以上大下小、下重上轻、下实上虚作为空间稳定不可违背的条件。而今，人们似乎有意识地将其颠倒过来：把部分柜体的底部透空来减轻空间的厚重感；摆脱传统的水平垂直关系而运用斜线、曲面等多种强烈对比的比例关系，寻求动感、富有变化的空间形式。但无论做怎样的形式处理，优秀的居住空间环境都必然遵循着一个共同的形式准则——多样统一。如图5-56所示的书柜，无论什么样的物品，都需要在统一的范围内。这个统一可能是造型、风格、色彩、材质等。

图5-56

多样统一，也称为有机统一，为了明确起见，又可以说成是在统一中求变化，在变化中求统一。任何造型艺术，都有若干不同的组成部分，这些组成部分之间，既有区别，又有内在的联系，只有把这些部分按照一定的规律，有机地组合成为一个整体，就各部分的差别，可以看出多样性和变化；就各部分的联系，可以看出和谐和秩序。既有变化，又有秩序，这就是一切艺术品，特别是造型艺术形式必须具备的原则。在居住空间环境中，如果缺乏多样性和变化，必然会使空间感觉单调，缺乏生活气息；如果缺乏和谐和秩序，则势必会显得杂乱，而单调和杂乱绝不可能构成美的形式。因此，一个居住空间设计，要想唤起人们的美感，既不能没有秩序，又不能缺乏变化，应该达到变化与统一性的平衡。

包豪斯的第一任校长格罗庇乌斯指出："构成创作的文法要素是有关韵律、比例、亮度、实的和虚的空间等的法则。词汇和文法可以学到……"如果说空间设计也有自己的语言的话，那么什么是它的词汇和文法呢？要回答这些问题，必须进一步探索以下一些与形式美有密切关系的若干基本范畴和问题。

5.4.1 以简单的几何形状寻求统一

建筑大师勒·柯布西耶(Le Corbusier)强调："原始的体形是美的体形，因为它能使我们清晰地辨认。"所谓原始的体形就是指圆、球、正方形、立方体等规则的形体，由于这些形体具有简单、明确、肯定和严谨的数学关系，因此容易辨认，容易在视觉上形成完整性。

图5-57

在居住空间的界面设计中，我们也可以采用简单、肯定的几何形状构图而达到高度完整、统一的境地。在居住空间设计过程中，我们会将复杂多样的空间通过简单的形状进行分析，再进行各形体间的组合。必须注意的是：由于每个几何图形都是简化到极致而又具有严格制约关系的形态，因此它们单体的特征十分明显，如果将三角形、圆形、方形这些形体置于一个空间中，势必会出现各形体之间的相互排斥。因此，我们应在空间设计之初注意主题元素的提取，寻求变化中的统一。如图5-57、图5-58所示。

图5-58

图5-58：象牙白墙漆、藤质座椅，高度的统一感使空间格外雅致。

5.4.2 主从与重点

在若干要素组成的整体中，每一要素在整体中所占的比重和所处的地位，都会影响到整体的统一性。但所有要素都竞相突出自己，或者都处于同等重要的地位，不分主次，则会削弱视觉感受而流于松散、单调以至失去完整统一性。在居住空间设计中，从空间限定到细部陈设与装饰，都涉及主从与重点的关系。各种艺术创作形式中的主题与副题、主角与配角、主景与背景，也表现为一种主与从的关系。

行为特性中我们提到参照性的手法，就是运用突出重点的方法创造视觉焦点，以起到引人入胜的作用。突出重点，一般会成为居住空间设计中的"点睛之笔"，体量并不一定很大，但位置十分重要，可以起到点明主题、统率全局的作用，能够形成空间中的"趣味中心"，具有新奇刺激、形象突出、具有动感和恰当含义等特征。如图5-59所示，小茶杯、装饰镜形成了空间的趣味性。

图5-59

形象与背景的关系是格式塔心理学研究中的一个重要问题。人在观察事物时，总是把形象理解为"一件东西"或者"在背景之上"，而背景似乎总是在形象之后，起衬托作用。在处理居住空间中的趣味中心时，应有意识地区别形象与背景的关系，以便使人作出正确的判断，丰富空间层次，起到主从分明的作用。能够突出重点的方法有很多，如下所示。

(1) 主体部分的位于视觉中心或位置突出。

(2) 尺度巨大使其他部分自然变为从属，给人视觉上的震撼。

(3) 主体醒目的色彩置于大面积运用不显著的色彩背景下，成为空间中的趣味中心。

(4) 独特、富有动感变化的视觉形象。

(5) 具有主题性和一定含义的雕塑或陈设。

一般来说，在突出重点的具体设计中，可采用在形、色、质、尺度等方面与众不同以达到吸引人注意、创造独特景观的作用，但应当对主从问题进行反复的推敲和合理的控制，以达到关系的明确合理。如图5-60所示，居室中的中心是根据功能设定的主要家具。

图5-60

5.4.3 均衡与稳定

处于地球引力场内的一切物体，都摆脱不了地球引力——重力的影响，人类的建造活动从某种意义上讲就是与重力做斗争的产物。雄伟高耸的金字塔、穹顶及不断被突破的超高层建筑都是人类战胜重力的功绩。在长期的实践中，人们也逐渐形成了一套与重力相关的审美观念，这就是均衡与稳定。自然现象中的物体存在规律给了人们这样的提示：上小下大、上轻下重、上浅下深、上细下粗、左右对称。这样的形态能给人以足够的稳定感，并认为符合这样规律的物体不仅是安全的，感觉上也比较舒服。在居住空间的传统观念设计中，上小下大、上轻下重、上浅下深是达到空间稳定的常见方法。但随着设计风格和新材料、新技术的应用，如今的设计师也会通过这种关系的颠倒(如上大下小、底部透空等)来创造引人入胜、新颖时尚的空间效果。如图5-61所示，悬挑的玻璃结构使空间变得轻盈、充满时尚感。

图5-61

完全对称的形式是极易达到视觉平衡的一种方式，但由于现代住宅空间很难采用轴线、对称的布局方式，因此，有时设计师会采用基本对称或不对称的方式来寻求均衡。均衡与完全对称的平衡概念不同，它要求设计者所设计的空间形态在人们心理上达到一种视觉平衡关系。因为任何引人注目的事物给人留下的心理印象都来自其心理重量，尽管它不能被称出具体重量数据来。均衡设计给了室内设计师发挥想象力和个性化判断力的机会，也给了他们更多的灵活性，若将心理重量与位置安排妥当，就能创造出更有激情的设计作品，令设计更加实用、美观，又充满个性色彩。若追求居室的轻松随意而又不呆板的效果，就需要采用均衡的手法。如图5-62所示，利用镜面营造完全对称的卧室布局，可使卧室摆脱沉闷的感觉。

图5-62

5.4.4 对比与微差

居住空间的功能是多种多样的，再加上结构类型、家具设备的配置方式以及业主喜好的不同，必然会使空间形式上呈现出各式各样的差异。这些差异有的是对比，有的则是微差，室内设计师研究的正是如何利用这种对比与微差去创造富有美感的室内空间。

对比指的是两个以上的要素之间具有显著的差异；微差则是指要素之间的差异比较微小。就形式美而言，这两者都是不可缺少的，对比可以借彼此之间的烘托陪衬来突出各自的特点以求得变化；微差则可以借助相互之间的共性以求得和谐。没有对比会使人感到单调，过分强调对比则会失去相互之间的协调性，导致混乱，只有把两者巧妙地结合在一起，才能达到既有变化又和谐一致，既多样又统一。

对比和微差是相对的，何种程度的差异表现为对比，何种程度的差异表现为微差，这之间没有明确的界限。如一系列由大到小连续变化的要素，相邻之间的对比甚微，可以保持连续性，则表现为一种微差关系；如果中间若干要素被抽取，会使开始的这种连续性中断，始末的部分成为引人注目的大小关系，这种突变则表现出了一种对比关系。突变的程度越大，对比就越强烈，如图5-63和图5-64所示。

图5-63

图5-64

05

图5-63：在同一风格、同一色调中，利用家具造型上的细微变化与色彩明纯度的调节，以及金银色的点缀，可创造出统一又具有变化的空间效果。

图5-64：纯白的空间中，黑色的书架显得尤为突出。现代设计经常运用强烈的对比关系来突出重点。

对比和微差主要体现在同一性质之间的差异，如大与小、虚与实、曲与直，以及不同形状、不同色调、不同质地……在居住空间设计中，无论是整体还是局部、形体还是色彩，为了求得统一和变化，都离不开对比与微差手法的运用。

5.4.5 韵律与节奏

自然界中许多事物和现象，往往由于有规律的重复出现或有秩序的变化，激发了人们的美感。如水中泛起的涟漪、山峦下层层的梯田、乡野间大片的油菜花等，这些自然场景都由重复和渐变而产生了韵律美感。

韵律美按照其形式特点的不同可以分为以下几种类型。

(1) 连续韵律：以一种或几种要素的连续、重复排列而成，各要素之间保持着恒定的距离和关系，可以无止境地连绵延长。连续韵律往往给人以规整、秩序感很强的印象。如图5-65所示，三个以上的连续、重复的排列，形成竖向轴线，这种灯具的排列经常用于居住空间中的廊。

图5-65

(2) 渐变韵律：连续的要素如果在某一方面按照一定的秩序进行变化，例如逐渐增长或缩短、变宽或变窄、变密或变稀等，就能产生一种渐变的韵律形式，从而产生节奏感。如图5-66所示，如同逐渐生长的过程一样，这里植物的陈设通过渐变而产生了趣味性。

图5-66

(3) 起伏韵律：渐变韵律如果按照一定规律时而增加、时而减小，有如波浪的起伏，或具有不规则的节奏感，就形成了起伏韵律。这种韵律常常比较活泼，富有动感。如图5-67所示，床品图案设计采用了起伏韵律的手法，使其具有时尚活泼的感觉。

图5-67

(4) 交错韵律：各组成部分按一定规律交织、穿插而成。各要素之间相互制约，一隐一显，表现出一种有组织的变化。这种形式既有明显的条理性又因各元素的穿插而表现出丰富的变化。如图5-68所示，衣帽间中的抽屉柜子和衣物，它们被安置在统一尺度框架下，按人体工学设计，按色彩规律摆放，丰富又具有秩序感。

在居住空间设计方面，韵律也是十分重要的设计要素，我们常常通过一些形体、界面和陈设感觉到韵律的存在。虽然四种韵律形式各有其特点，但都体现了一种共性，即具有明显的条理性、重复性和连续性。我们可以借助韵律本身的秩序和节奏，加强居住空间整体统一的效果，又可以产生丰富的变化，从而体现统一多样的原则。

图5-68

5.4.6　比例与尺度

比例与尺度是造型设计中最为重要的原则问题。

1．比例

任何物体，无论呈何种形状，都必然存在长、宽、高三个方向的量度，比例所研究的就是这三个方向量度之间的关系问题。所谓推敲比例，就是指通过反复比较而寻求这三者之间最理想的关系。一切造型艺术，都存在比例关系是否和谐的问题，和谐的比例可以引起人们的美感。在居住空间设计中，比例问题主要是研究空间与界面、界面与界面、界面与家具或家具与陈设等各部分尺寸与其他应具备的良好关系。

要素本身，各要素之间或要素与整体之间，无不保持着某种确定的制约关系。这种制约关系当中的任何一处，如果超出了和谐所允许的限度，就会导致整体上的不协调。当我们在某个既定的环境中观察到其增一分太多、减一分太少时，常常意味着恰当的比例。试想，在不到3m高的居室里，如果安排上像巨大的纪念碑似的家具和大型沙发，一定是很荒唐的事，如同在建筑模型内放置了标准尺寸的家具。与之相反，在一个高大的厂房内，大型家具则显得恰到好处。

从古至今，比例问题都是设计大师们不断研究和探讨的话题之一，对于构成良好比例关系因素的结论也是众说纷纭。本书提供部分学者的观点及看法供大家参考。

(1) 简单合乎模数的比例关系易于被人们辨认，如圆、正方形、正三角形等具有确定数量制约关系的几何图形，可以用来当作判别比例关系的标准和尺度。

(2) 最理想的长方形其比率为1∶1.618，这就是著名的“黄金分割比”。

(3) 若干毗邻的长方形，如果它们的对角线互相垂直或平行，也就是说它们具有相同比率的相似性，一般可以产生和谐的效果。

(4) 对于空间来说，美离不开目的性，合理的比例和形状是由功能决定的。

无论我们用何种方法来推敲比例关系的和谐性，都不能单纯地从形式本身进行判别，良好的比例关系一定要反映事物内在的逻辑性。构成良好比例的因素是复杂的，它既有绝对的一面，又有相对的一面，企图找到放置任何一个地方都适合的、绝对美的比例，如同用一种模式设计所有空间，是不现实的，如图5-69和图5-70所示。

图5-69

图5-70

图5-69：家具必须根据空间的比例进行选择和摆放，过大会显得空间拥堵，过小会显得空间空旷。

图5-70：空间中的电脑与翻板的小桌、桌上的绿化、钟表与洞口之间都保持了极好的比例关系。

2. 尺度

尺度也是研究物体的相对尺寸关系，与比例不同。比例主要表现各部分数量关系之比，是相对的，不涉及具体尺寸；尺度则是涉及真实大小和尺寸，是指要素给人感觉上的大小印象和真实大小之间的关系。

在居住空间设计时，空间、界面、陈设与人之间均存在尺度所带来的空间感受问题。如空间中的某个部件尺寸过大或过小，超过了心目中既定的尺寸或不合乎我们使用的标准尺寸时，我们就会说它尺度把握有问题；如果空间或空间中各部件的尺寸令我们感觉舒适，无论大小，我们都会说它比较符合尺度标准。人体尺寸是居室设计中必须要考虑的重要因素，一般人的高度在1.5～1.8m之间，这些数据是居室、家具和设备的参照依据。然而，尺度因素并不是一成不变的，儿童房间可以专门缩小尺度，让家具相对低矮，间距缩小，这样孩子会感到更自在、更舒适。

尺度对于形成特定的环境氛围具有很大影响。就空间尺度而言，尺度较小的空间容易形成亲切、宜人、宁静的氛围；而尺度较大的空间，则会给人宏伟、博大的感觉。即使是空间中的陈设品，其尺度对于人的心理感受也有很大关系。例如，在居室内布置尺度较大的植物时，容易形成树荫的感觉；而布置尺度较小的植物时，则容易产生情趣和亲切之感；在儿童房间布置尺度过大的盆栽，容易对儿童心理造成不良影响，在夜间甚至会使他们受到惊吓。

图5-71

通常，我们在设计居住空间大小、界面、家具与陈设等要素时，都会以人体尺度和合乎常规的尺度关系作为依据，如图5-71、图5-72所示。当然，在特殊情况下，可以对某些要素采用夸张、超乎寻常的尺度，以形成视觉焦点，引人注目。

图5-72

形式法则是在室内空间设计中具有普遍意义的重要原则，它涉及空间功能、空间界面及造型等各个方面的内容。形式法则可以为设计师提供有益的创作和判别依据，但它并不是设计技巧和模式化的公式。优秀的设计作品离不开精巧的构思立

05

图5-71：在这样狭窄的空间中，每一处尺寸设计都需要精确，目的是避免使用者因使用不便而产生对设计者的抱怨。

图5-72：床的尺度把握合理，使得空间更具有温馨甜美的情调。

意，如果没有明确的设计思路，即便是再美的形式，也无法传达准确的信息，如图5-73所示。因此，只有在设计空间之前具备了明确的思想和立意，同时拥有娴熟的表达能力，充分灵活地运用这些技巧，才能使创造出来的艺术形象唤起人们的共鸣，成为具有感染力的成功作品。

图5-73

本章小结

本章主要阐述了居住空间设计的空间组织方法、界面处理手法与形式法则几方面内容，其中重点阐述了不同界面的限定与组合方式以及形式法则的表现与运用，目的是使学生通过对本章的学习，将功能与美感贯穿始终，完成居住空间的造型与装饰设计。

思考与练习

1. 空间组织过程中需要注意哪些问题?

2. 空间界面具有哪些组合方式?不同的组合方式带给你的空间感受是怎样的?

3. 搜集你认为非常出色的设计作品，利用形式法则将其加以分析，并对应自己的空间设计进行评价。

4. 针对需要设计的居住空间，依据形式法则进行后期整理与空间配饰设计。

图5-73：空间的使用者可能会因一束花、一个小细节而感动，而设计者的任务就是准确地传达这样的信息。

附录

居住空间设计图示及常用家具、物品数据参考

在此，我们为家居设计者提供了部分居住空间中常用家具、物品的样式与尺寸数据，目的是在设计时，便于对应使用空间进行基本数据的快速查阅，有效地节约设计时间。但家居新产品、新技术和新材料的发展十分迅速，因此希望读者能够关注市场，以这些数据作为基础进行资料拓展，从而设计出更舒适、更合理的居住环境。此处参考数据按起居、休息、就寝、清洗、更衣、化妆、装束、饮食、烹饪的功能和行为，将沙发、座椅、床、浴缸、座便、浴室用品及厨房设备等相关的尺寸、样式展现出来，作为设计查询的依据。

具体参考数据如设计图图示-1和设计图图示-2以及附录图-1～附录图-14所示。

1．设计图图示

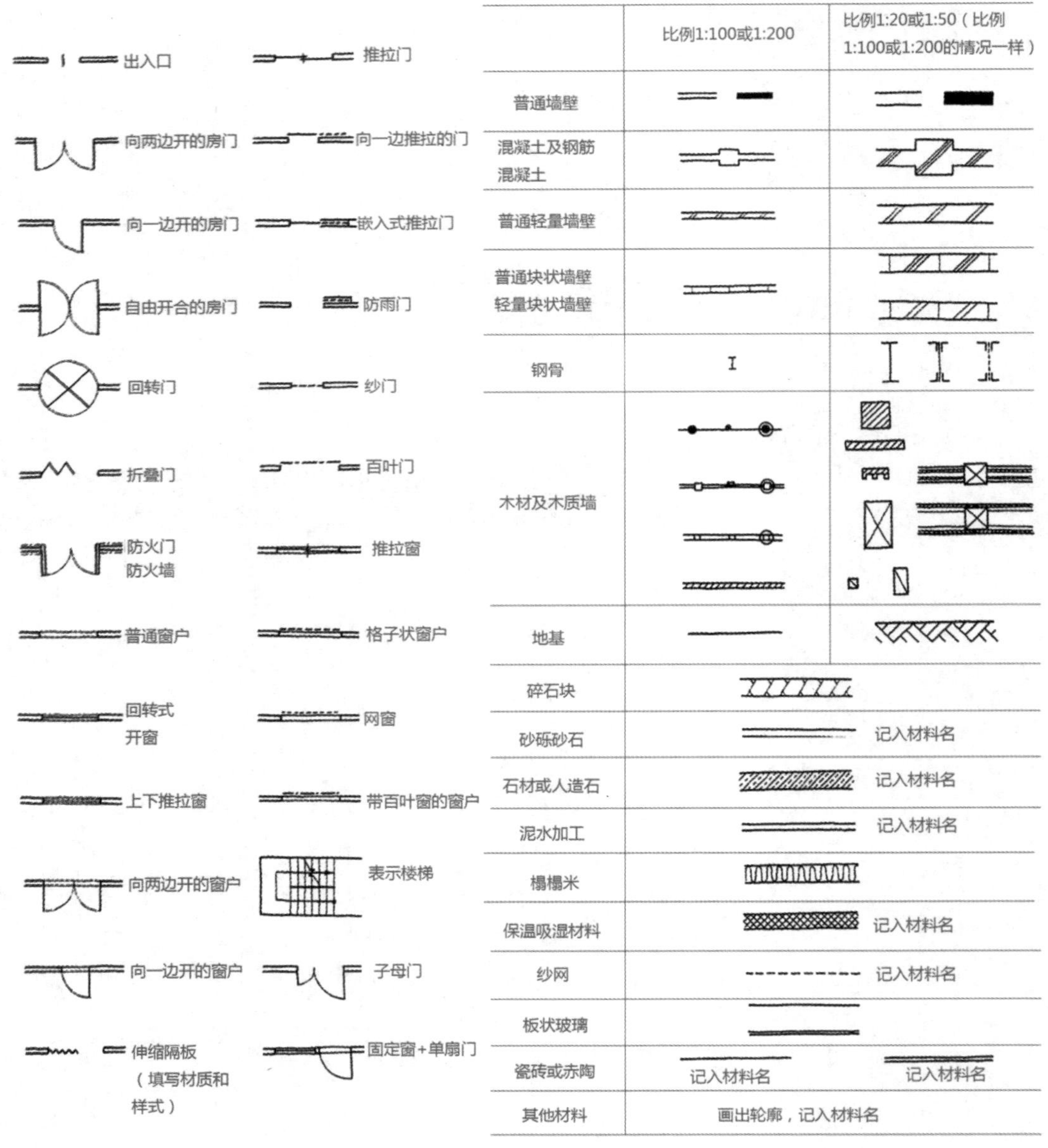

设计图图示-1

● 供水、供热水

- 20V 塑料供水管
- 100V 铸铁供水管
- 上水管
- 井水管
- 热水管进水
- 热水管出水

● 排水

- 排水管
- 通气管
- 100 铸铁排水管
- 100T 陶瓷管
- 100V 塑料排水管

● 供水、排水用器具

- M 水表
- CD 地面清洁口
- 地面下水道
- RD 下水道口
- 冲洗阀门
- 淋浴
- 洒水栓
- 日式大便池
- 西式大便池
- 小便池
- 立式便池
- 立式面池
- HT 便池冲洗箱 高
- LT 便池冲洗箱 低

● 供水

- 凉水水龙头
- 温水水龙头
- 混合水水龙头

● 灭火

- 灭火水管

● 灭火水管

- 室内灭火栓
- H 室外灭火栓（标准型）

● 煤气

- G 煤气管道

● 煤气用具

- 煤气龙头
- 取水器
- GM 煤气表

● 电灯

- 普通天花板灯
- 带线灯（如：接线板、线束之类）
- CL 吸顶灯
- CP 连坠手拉灯
- CH 吊灯
- 嵌入式器具
- 嵌入式器具
- 壁灯
- F20W 壁灯（荧光灯20W）
- 夜灯或应急灯

● 机器

- 风扇、换气扇
- M 电动机

● 小型变压器

- 维修口

● 插座

- 普通墙壁插孔（10A、15A）
- 20A 墙壁插孔、普通（20A）
- 2 墙壁插孔、普通（2个）
- 3P 墙壁插孔、普通（3个）
- 墙壁以外插线板

● 信号灯

- 普通信号灯（拉动开关）
- 3 三路联

● 一般警报器

- 警报器按钮

● 电气表

- 小表
- 大表
- 报时按钮

● 呼唤装置

- 按钮（墙壁）
- 门铃
- 警笛
- 显示灯

● 火灾报警器

- B 火灾报警铃

● 电话

- T 内线电话机
- T 加入电话机
- t 对讲机（子机）
- t 对讲机（母机）

● 扩音装置

- 音响

● 电视

- TV 电视输出

● 在否表示装置

- 10 在否显示灯
- 10 在否显示开关组

● 电源

- 蓄电池
- 干电池

● 机器

- RC 室内空调

● 配电盘

- 分电盘（电灯用）

● 机器

- WH 电表

● 配线

- 天花板配线
- 地面配线

设计图图示-2

附录

2. 起居(沙发)

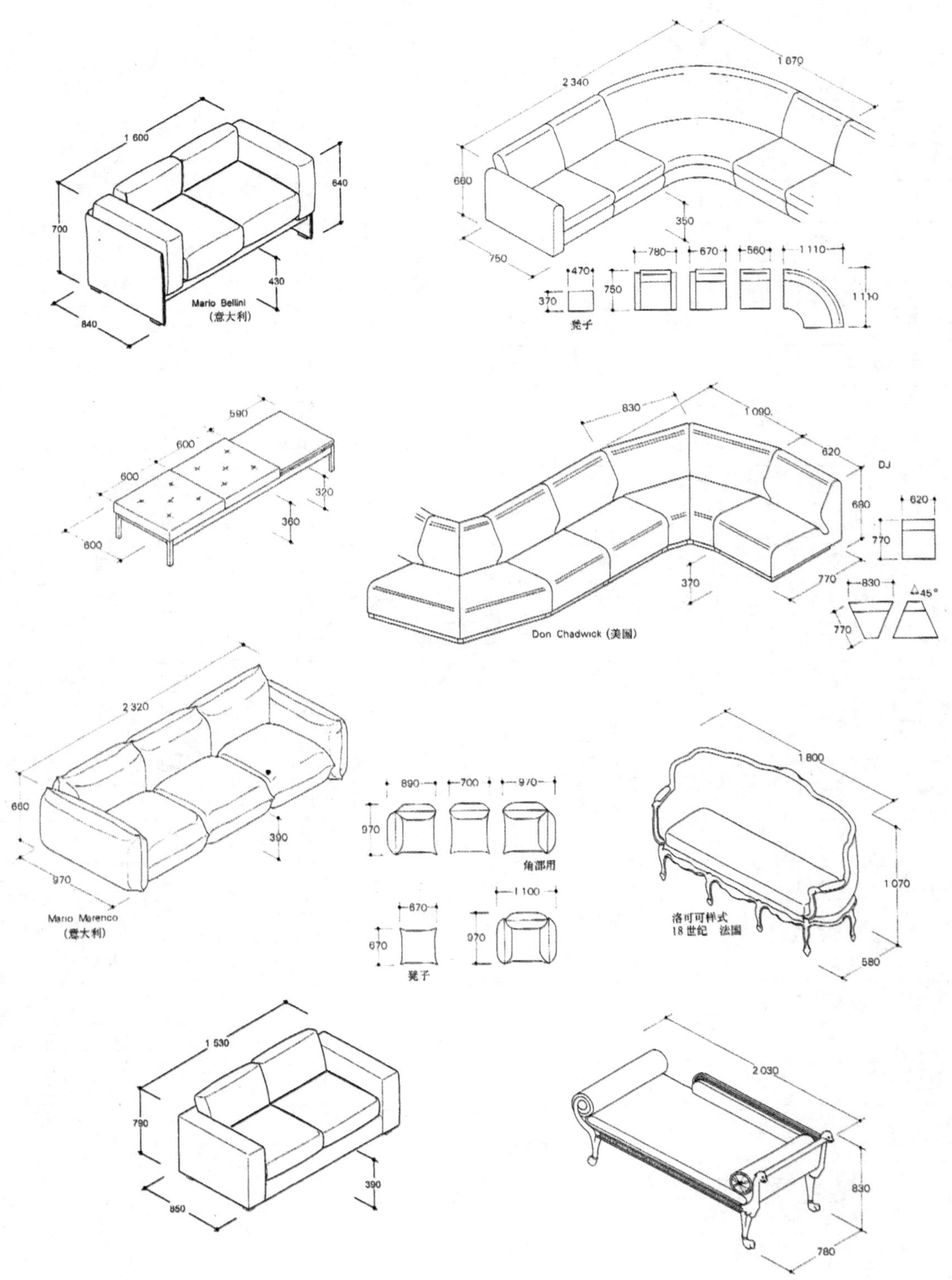
1 600
640
700
430
840
Mario Bellini
(意大利)
2 340
1 670
660
350
750
470
370
凳子
780
670
560
1 110
750
1 110
590
600
600
600
320
360
600
830
1 090
620
DJ
680
620
770
370
770
830
45°
770
Don Chadwick (美国)
2 320
660
390
970
Mario Marenco
(意大利)
890
700
970
970
角部用
670
670
凳子
1 100
970
1 800
1 070
洛可可样式
18 世纪 法国
580
1 530
790
390
850
2 030
830
780

附录图-1

3．休息(椅子)

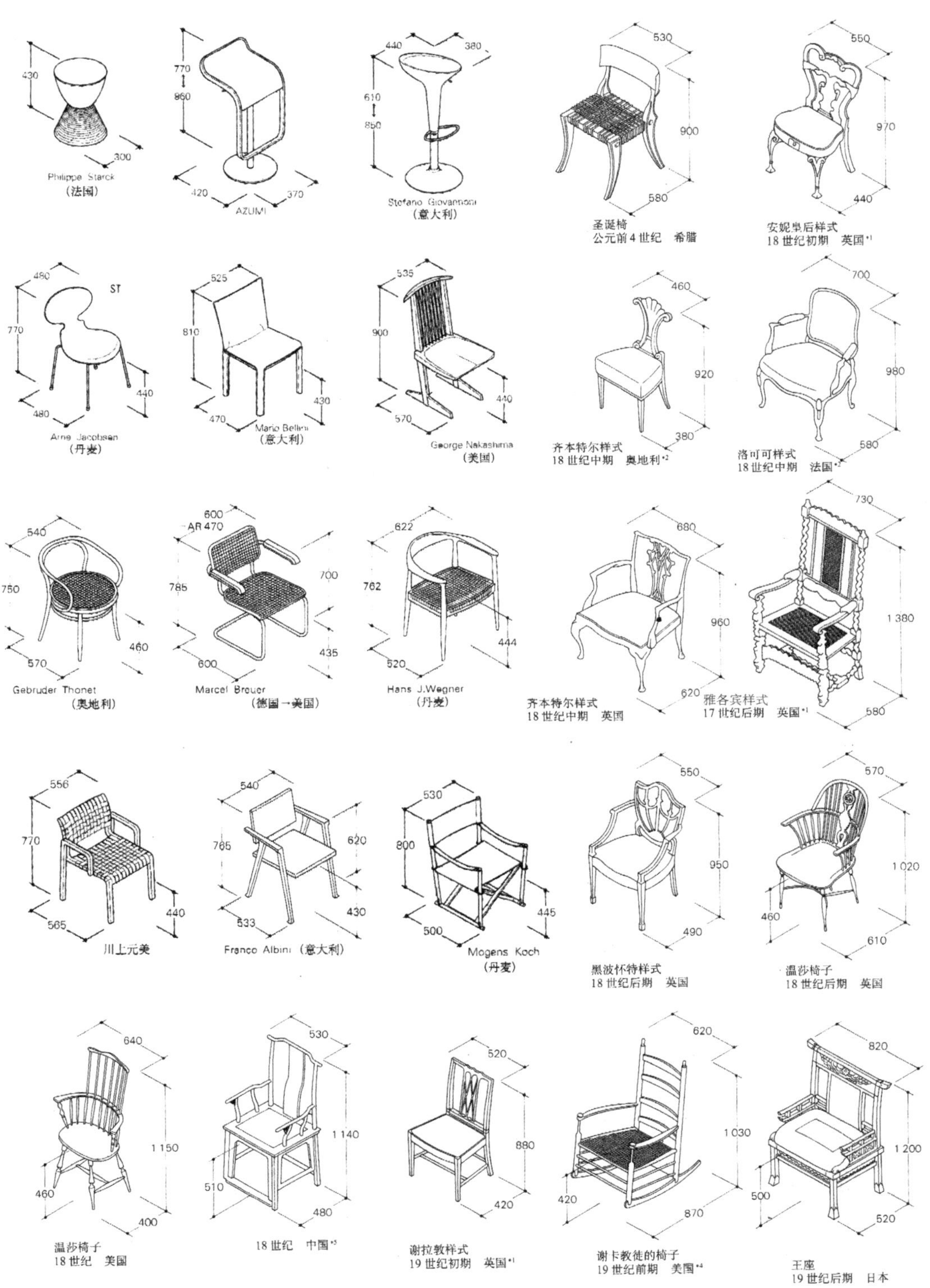
Philippe Starck
(法国)
AZUMI
Stefano Giovannoni
(意大利)
圣诞椅
公元前4世纪 希腊
安妮皇后样式
18世纪初期 英国*1
Arne Jacobsen
(丹麦)
Mario Bellini
(意大利)
George Nakashima
(美国)
齐本特尔样式
18世纪中期 奥地利*2
洛可可样式
18世纪中期 法国*2
Gebruder Thonet
(奥地利)
Marcel Breuer
(德国→美国)
Hans J.Wegner
(丹麦)
齐本特尔样式
18世纪中期 英国
雅各宾样式
17世纪后期 英国*1
川上元美
Franco Albini (意大利)
Mogens Koch
(丹麦)
黑波怀特样式
18世纪后期 英国
温莎椅子
18世纪后期 英国
温莎椅子
18世纪 美国
18世纪 中国*3
谢拉敦样式
19世纪初期 英国*1
谢卡教徒的椅子
19世纪前期 美国*4
王座
19世纪后期 日本

附录图-2

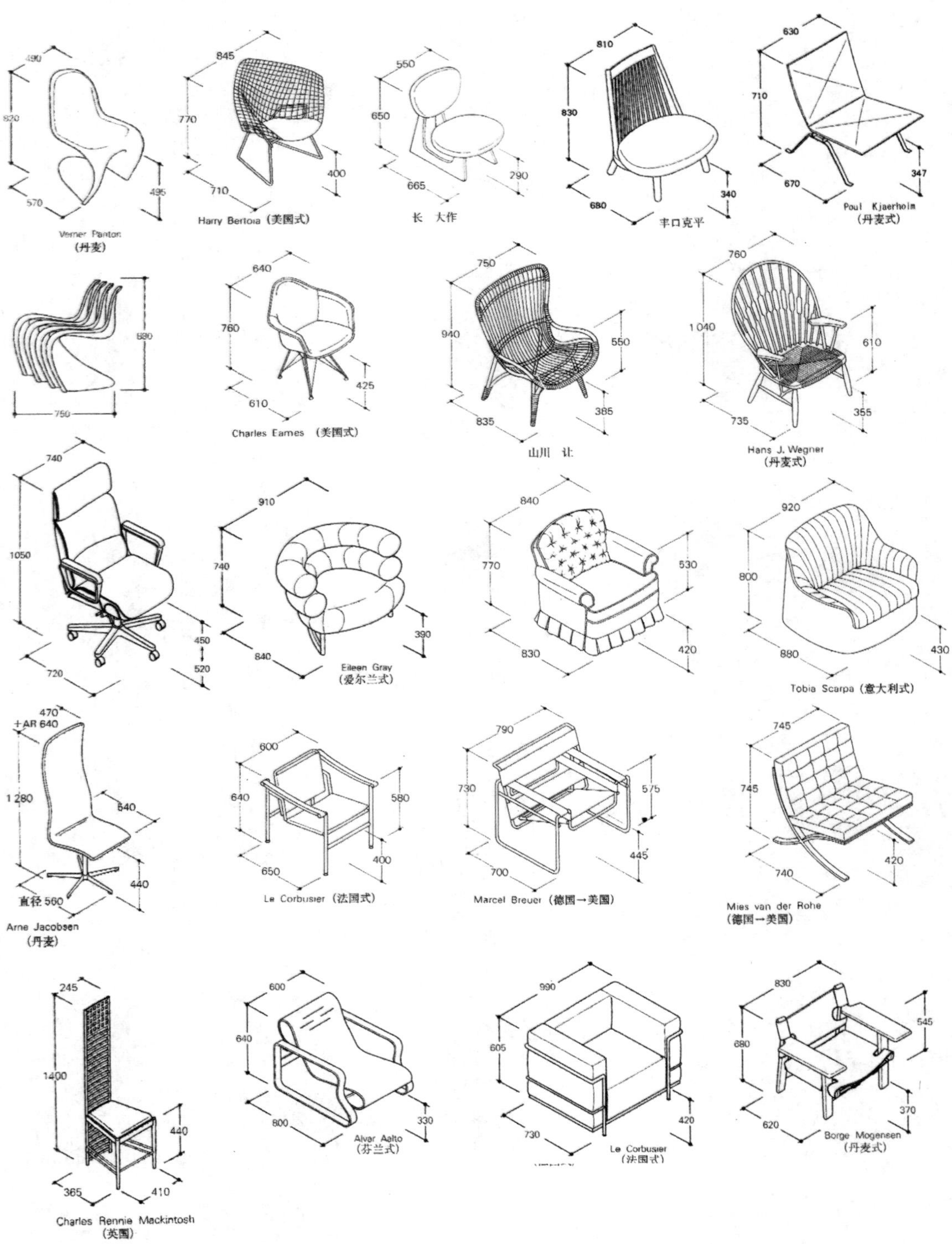
Verner Panton
（丹麦）
Harry Bertoia（美国式）
长 大作
丰口克平
Poul Kjaerholm
（丹麦式）
Charles Eames （美国式）
山川 让
Hans J. Wegner
（丹麦式）
Eileen Gray
（爱尔兰式）
Tobia Scarpa（意大利式）
Arne Jacobsen
（丹麦）
Le Corbusier（法国式）
Marcel Breuer（德国→美国）
Mies van der Rohe
（德国→美国）
Charles Rennie Mackintosh
（英国）
Alvar Aalto
（芬兰式）
Le Corbusier
（法国式）
Borge Mogensen
（丹麦式）

附录图-3

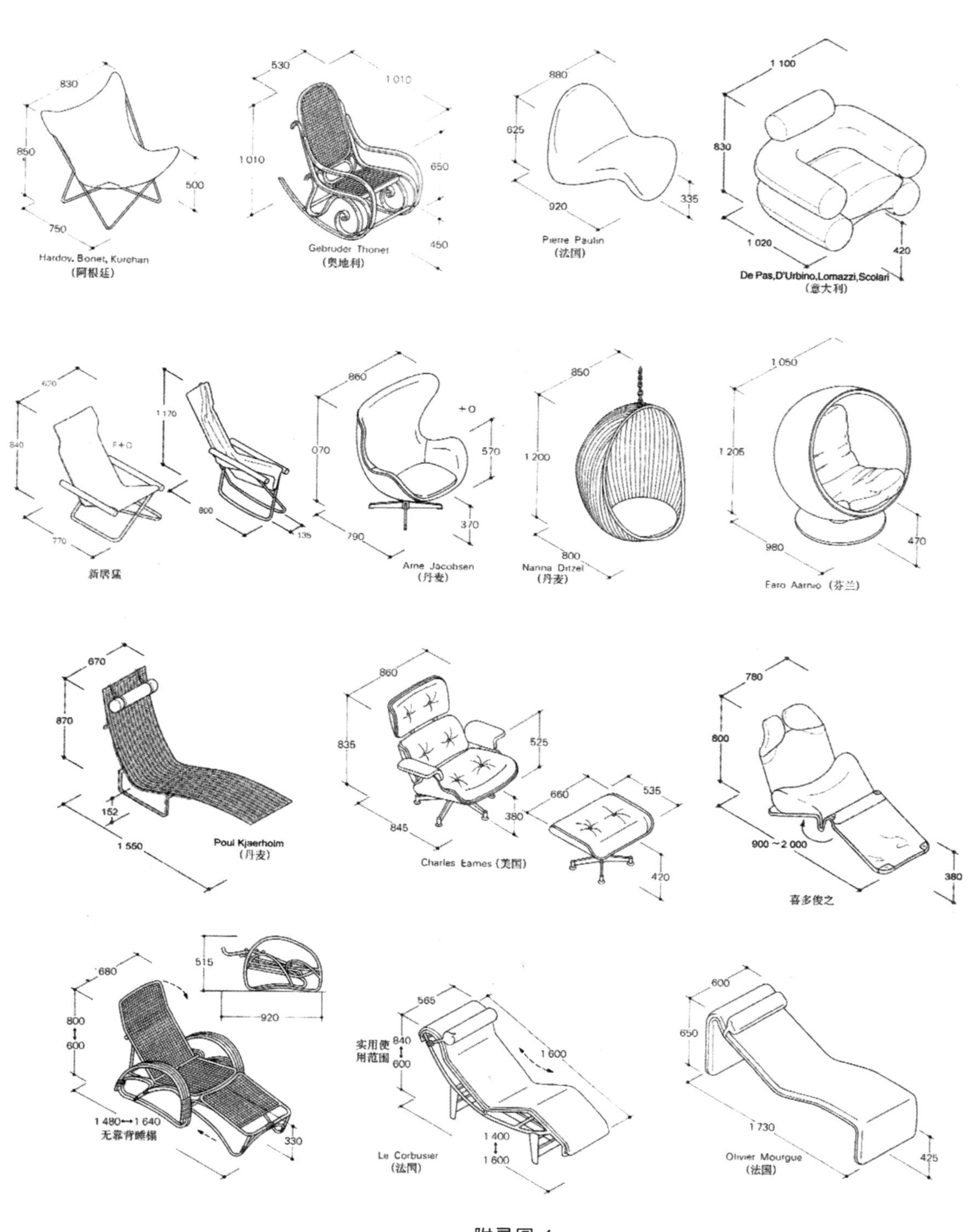
830
850
500
750
Hardoy, Bonet, Kurchan
(阿根廷)
530
1 010
1 010
650
450
Gebruder Thonet
(奥地利)
880
625
920
335
Pierre Paulin
(法国)
1 100
830
1 020
420
De Pas,D'Urbino,Lomazzi,Scolari
(意大利)
840
F+O
770
1 170
800
135
新居猛
860
070
+O
570
790
370
Arne Jacobsen
(丹麦)
850
1 200
800
Nanna Ditzel
(丹麦)
1 050
1 205
980
470
Earo Aarnio (芬兰)
670
870
152
1 550
Poul Kjaerholm
(丹麦)
860
835
525
845
380
660
535
420
Charles Eames (美国)
780
800
900 ~2 000
380
喜多俊之
515
920
680
800
600
1 480⟷1 640
无靠背睡榻
330
565
实用使用范围
840
600
1 600
1 400
1 600
Le Corbusier
(法国)
600
650
1 730
425
Olivier Mourgue
(法国)

附录图-4

4．休息、就寝(床)

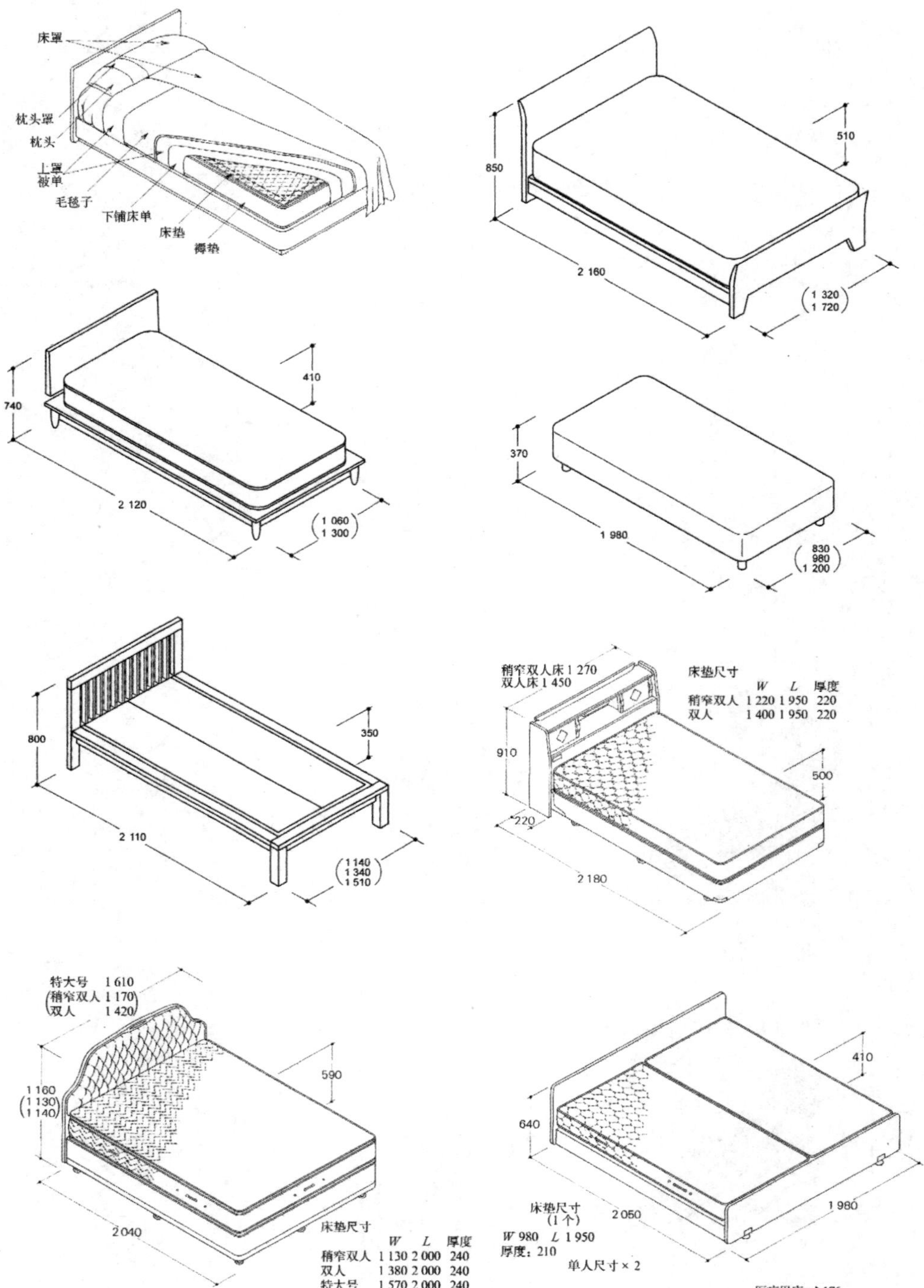
床罩
枕头罩
枕头
上罩
被单
毛毯子
下铺床单
床垫
褥垫
850
510
2 160
1 320
1 720
740
410
2 120
1 060
1 300
370
1 980
830
980
1 200
800
350
2 110
1 140
1 340
1 510
稍窄双人床 1 270
双人床 1 450
床垫尺寸
W L 厚度
稍窄双人 1 220 1 950 220
双人 1 400 1 950 220
910
500
220
2 180
特大号 1 610
稍窄双人 1 170
双人 1 420
1 160
1 130
1 140
590
2 040
床垫尺寸
W L 厚度
稍窄双人 1 130 2 000 240
双人 1 380 2 000 240
特大号 1 570 2 000 240
410
640
床垫尺寸
(1个)
W 980 L 1 950
厚度：210
单人尺寸 × 2
2 050
1 980
医疗用床⇨176

附录图-5

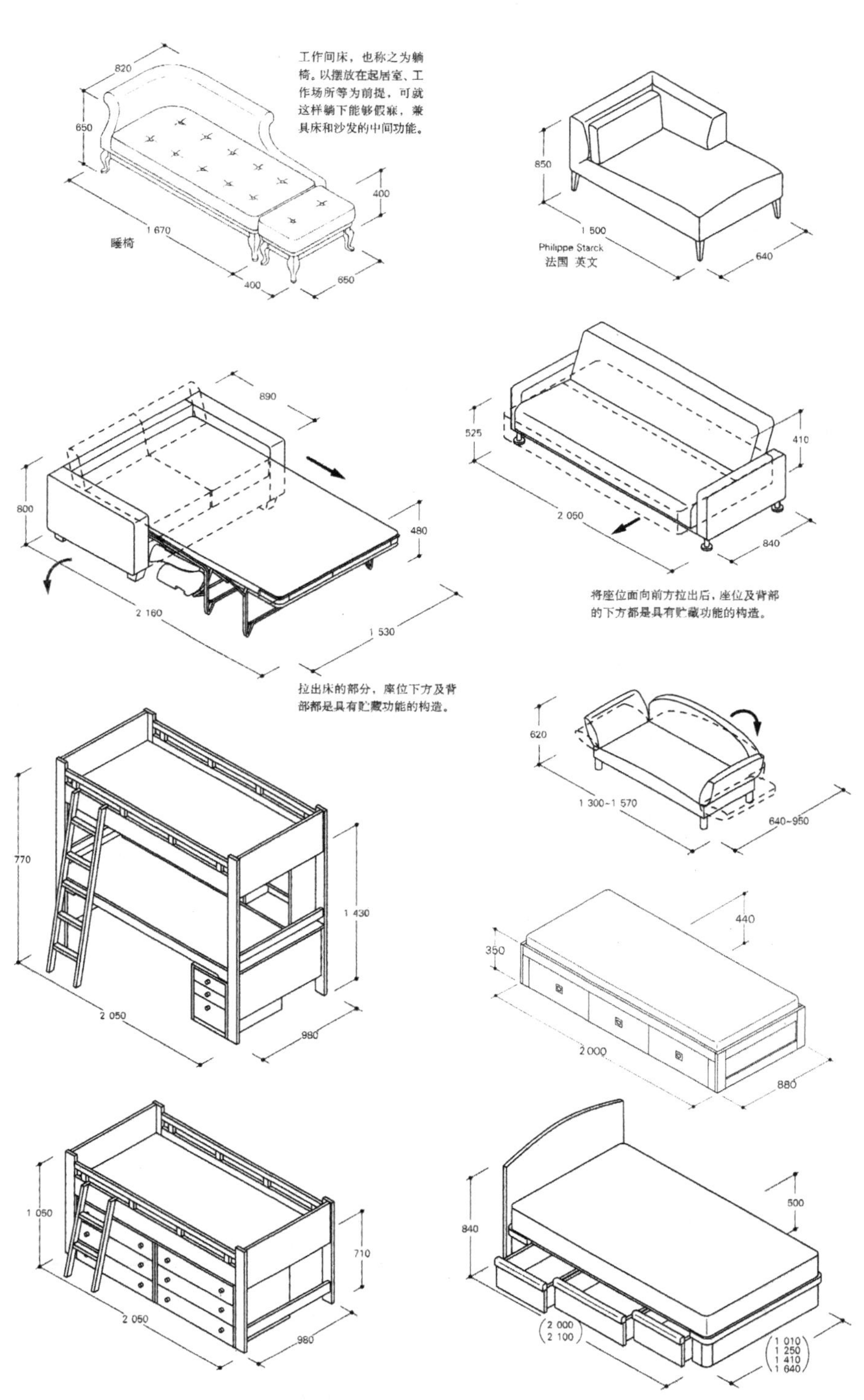

820
650
1 670
400
400
650
睡椅
工作间床，也称之为躺椅。以摆放在起居室、工作场所等为前提，可就这样躺下能够假寐，兼具床和沙发的中间功能。
850
1 500
640
Philippe Starck
法国 英文
890
800
480
2 160
1 530
拉出床的部分，座位下方及背部都是具有贮藏功能的构造。
525
410
2 050
840
将座位面向前方拉出后，座位及背部的下方都是具有贮藏功能的构造。
620
1 300~1 570
640~950
770
1 430
2 050
980
440
350
2 000
880
1 050
710
2 050
980
840
500
2 000
2 100
1 010
1 250
1 410
1 640

附录图-6

5. 清洗、更衣、化妆(浴缸、一体化浴室、浴室用品、洗手盆、坐便器)

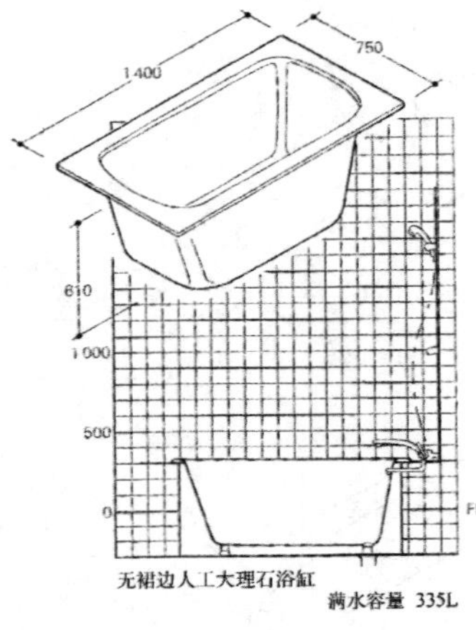

无裙边人工大理石浴缸
满水容量 335L

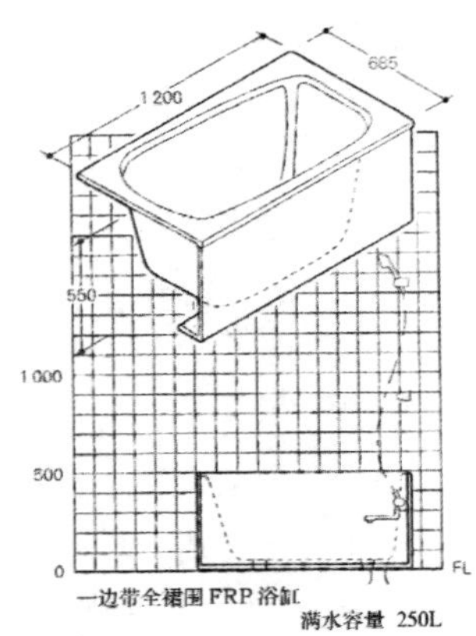

一边带全裙围 FRP 浴缸
满水容量 250L

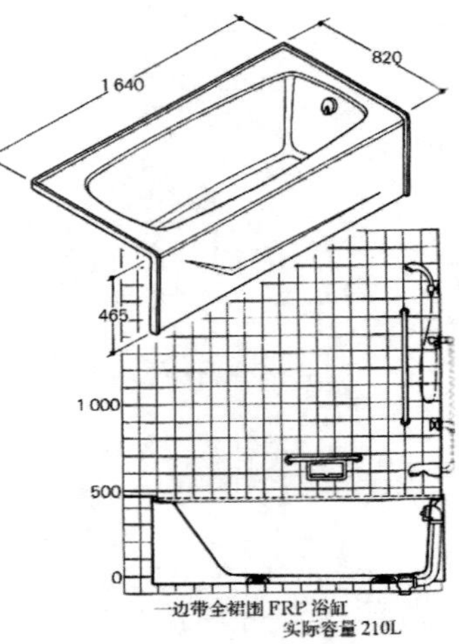

一边带全裙围 FRP 浴缸
实际容量 210L

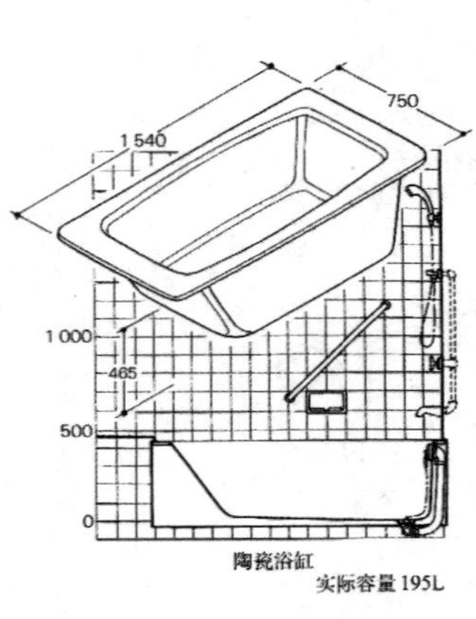

陶瓷浴缸
实际容量 195L

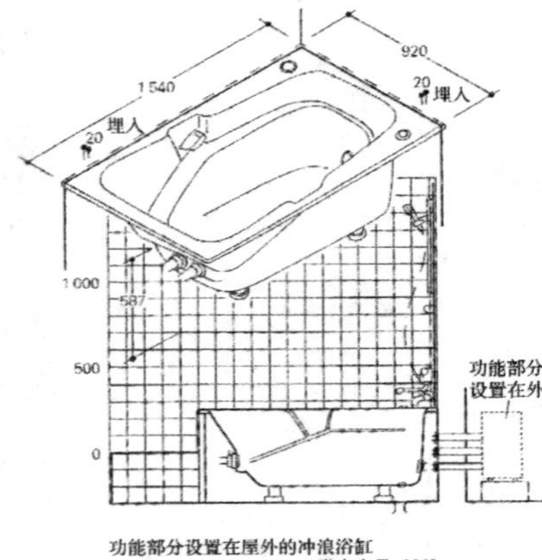

功能部分设置在屋外的冲浪浴缸
满水容量 330L

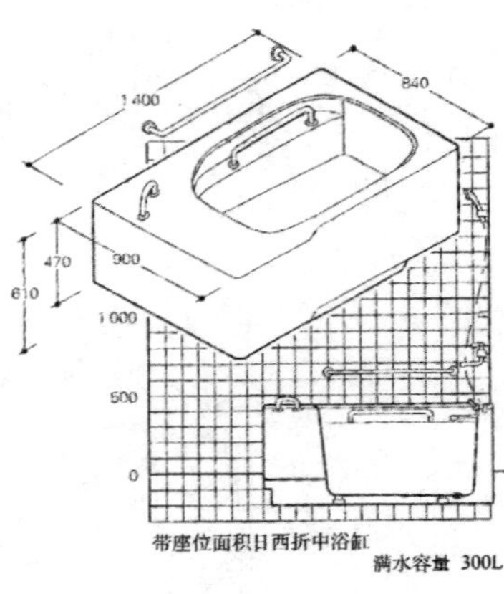

带座位面积日西折中浴缸
满水容量 300L

冲浪浴缸

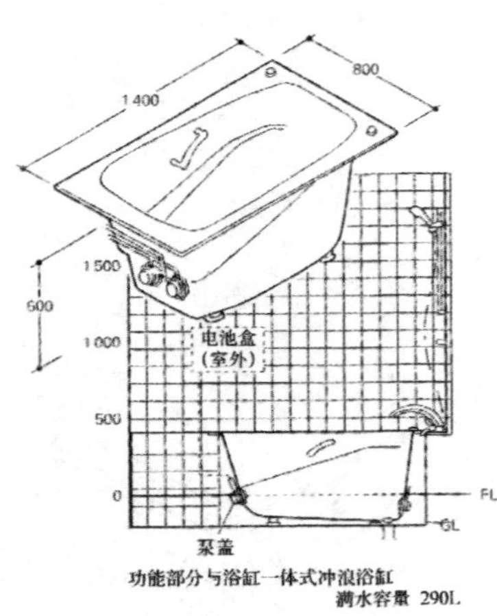

功能部分与浴缸一体式冲浪浴缸
满水容量 290L

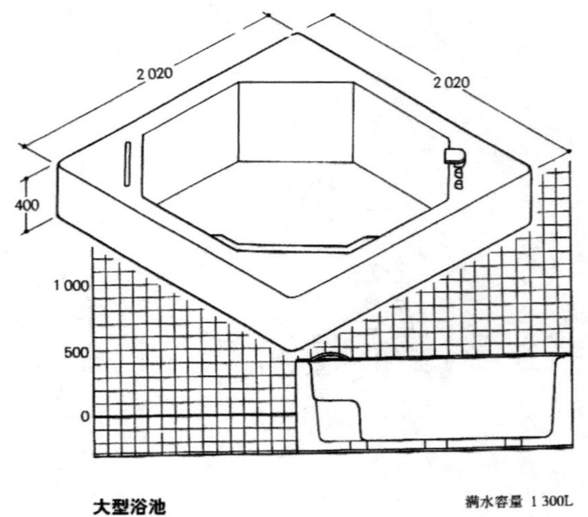

大型浴池
满水容量 1 300L

附录图-7

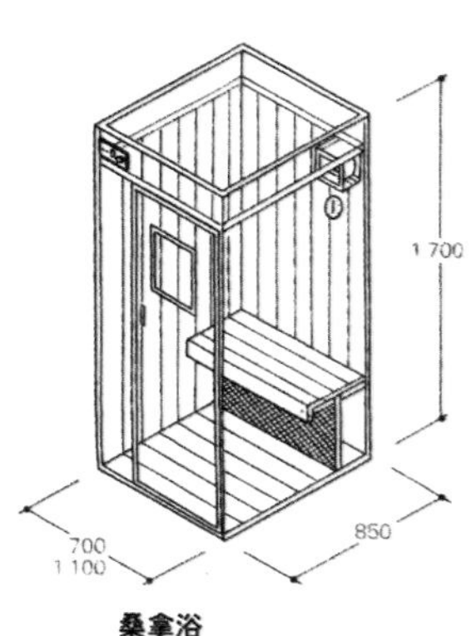

桑拿浴

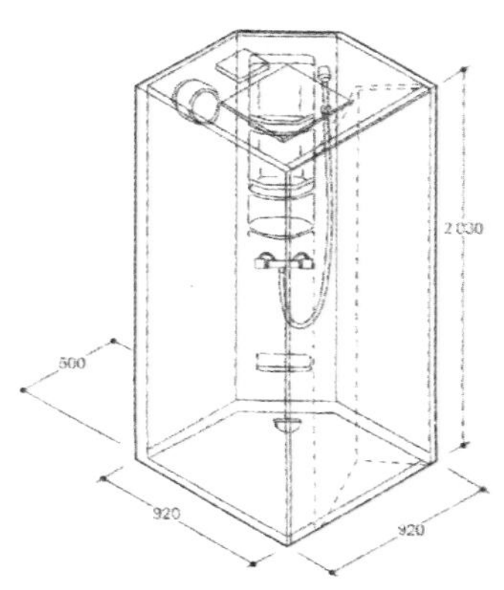

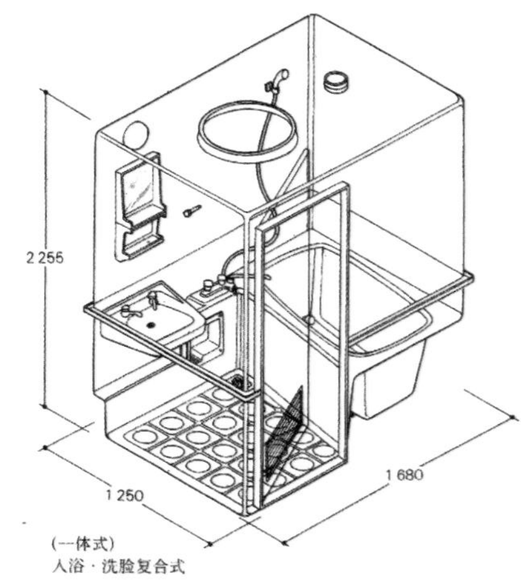

（一体式）
入浴・洗脸复合式

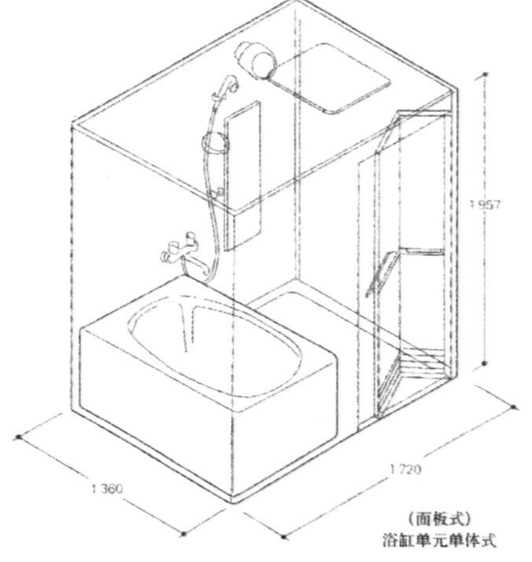

（面板式）
浴缸单元单体式

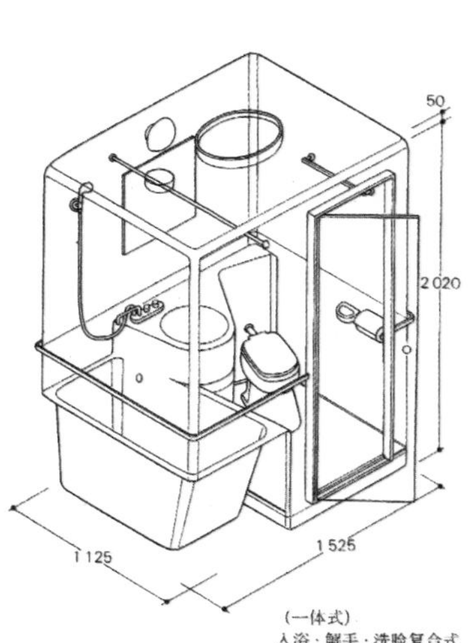

（一体式）
入浴・解手・洗脸复合式

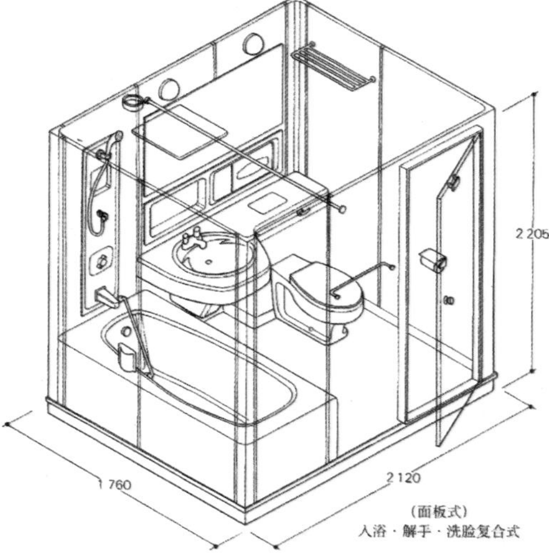

（面板式）
入浴・解手・洗脸复合式

附录图-8

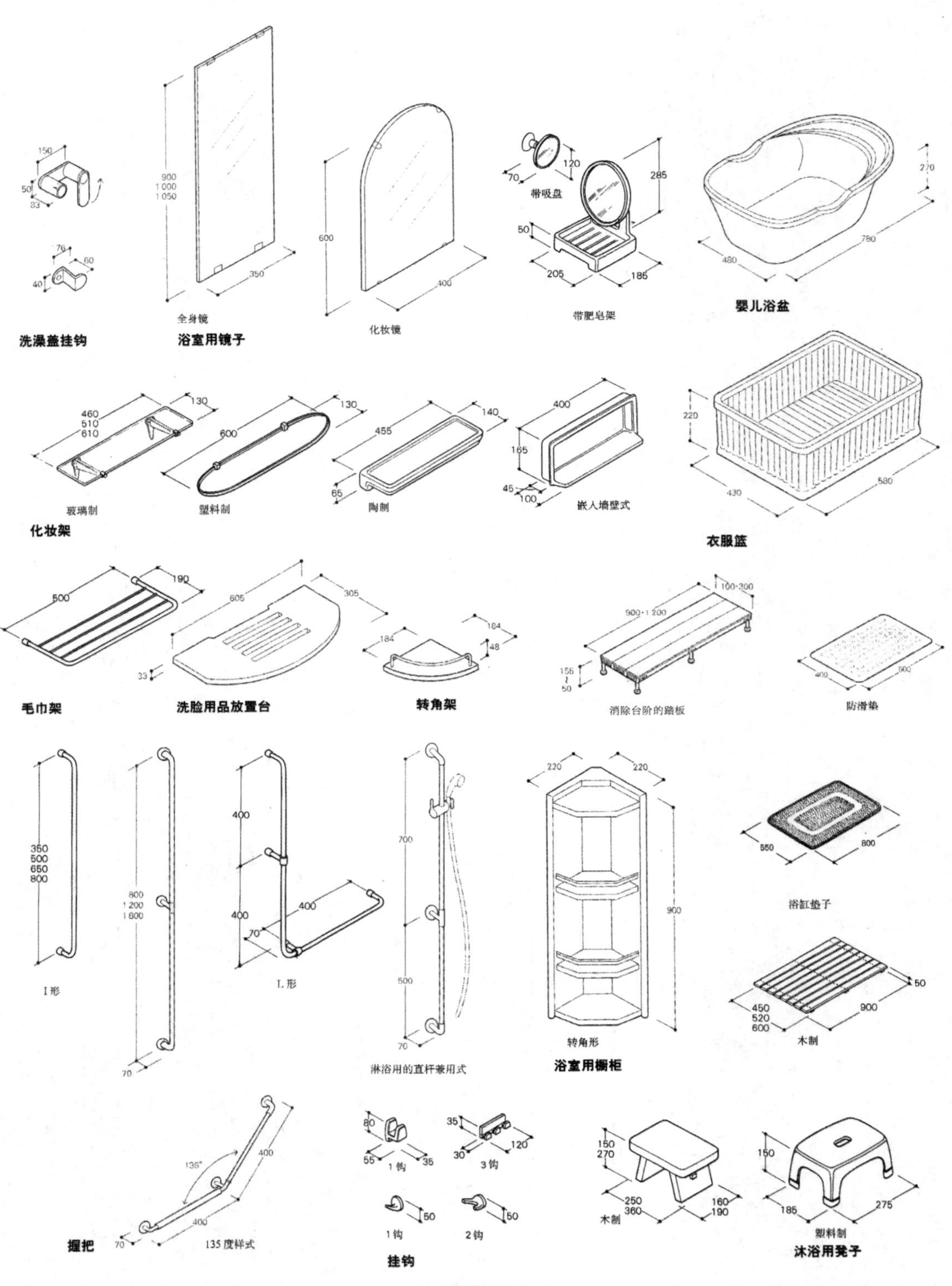
洗澡盖挂钩
全身镜
浴室用镜子
化妆镜
带吸盘
带肥皂架
婴儿浴盆
玻璃制
塑料制
陶制
嵌入墙壁式
化妆架
衣服篮
毛巾架
洗脸用品放置台
转角架
消除台阶的踏板
防滑垫
I形
L形
淋浴用的直杆兼用式
转角形
浴室用橱柜
浴缸垫子
木制
握把
135度样式
1钩
3钩
2钩
挂钩
塑料制
沐浴用凳子

附录图-9

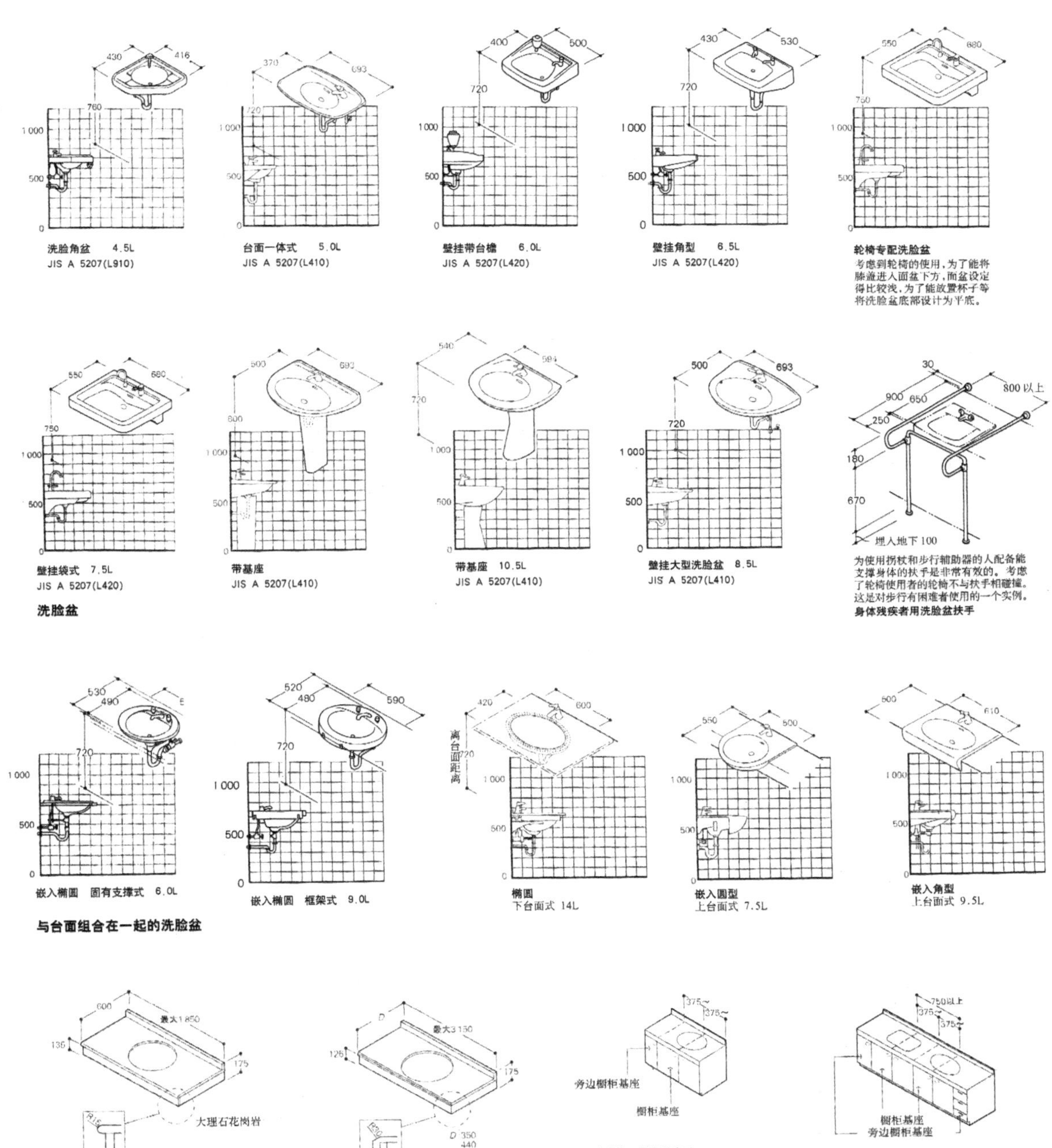
洗脸角盆 4.5L
JIS A 5207(L910)
台面一体式 5.0L
JIS A 5207(L410)
壁挂带台檐 6.0L
JIS A 5207(L420)
壁挂角型 6.5L
JIS A 5207(L420)
轮椅专配洗脸盆
考虑到轮椅的使用，为了能将膝盖进入面盆下方，面盆设定得比较浅，为了能放置杯子等将洗脸盆底部设计为平底。
壁挂袋式 7.5L
JIS A 5207(L420)
带基座
JIS A 5207(L410)
带基座 10.5L
JIS A 5207(L410)
壁挂大型洗脸盆 8.5L
JIS A 5207(L410)
埋入地下 100
为使用拐杖和步行辅助器的人配备能支撑身体的扶手是非常有效的。考虑了轮椅使用者的轮椅不与扶手相碰撞。这是对步行有困难者使用的一个实例。
身体残疾者用洗脸盆扶手
洗脸盆
嵌入椭圆 固有支撑式 6.0L
嵌入椭圆 框架式 9.0L
离台面距离
椭圆
下台面式 14L
嵌入圆型
上台面式 7.5L
嵌入角型
上台面式 9.5L
与台面组合在一起的洗脸盆
最大1 850
大理石花岗岩
天然石台面
最大3 150
人工石台面
旁边橱柜基座
橱柜基座
洗脸盆＋橱柜基座时
750以上
连式洗脸盆＋2个橱柜时
台面

附录图-10

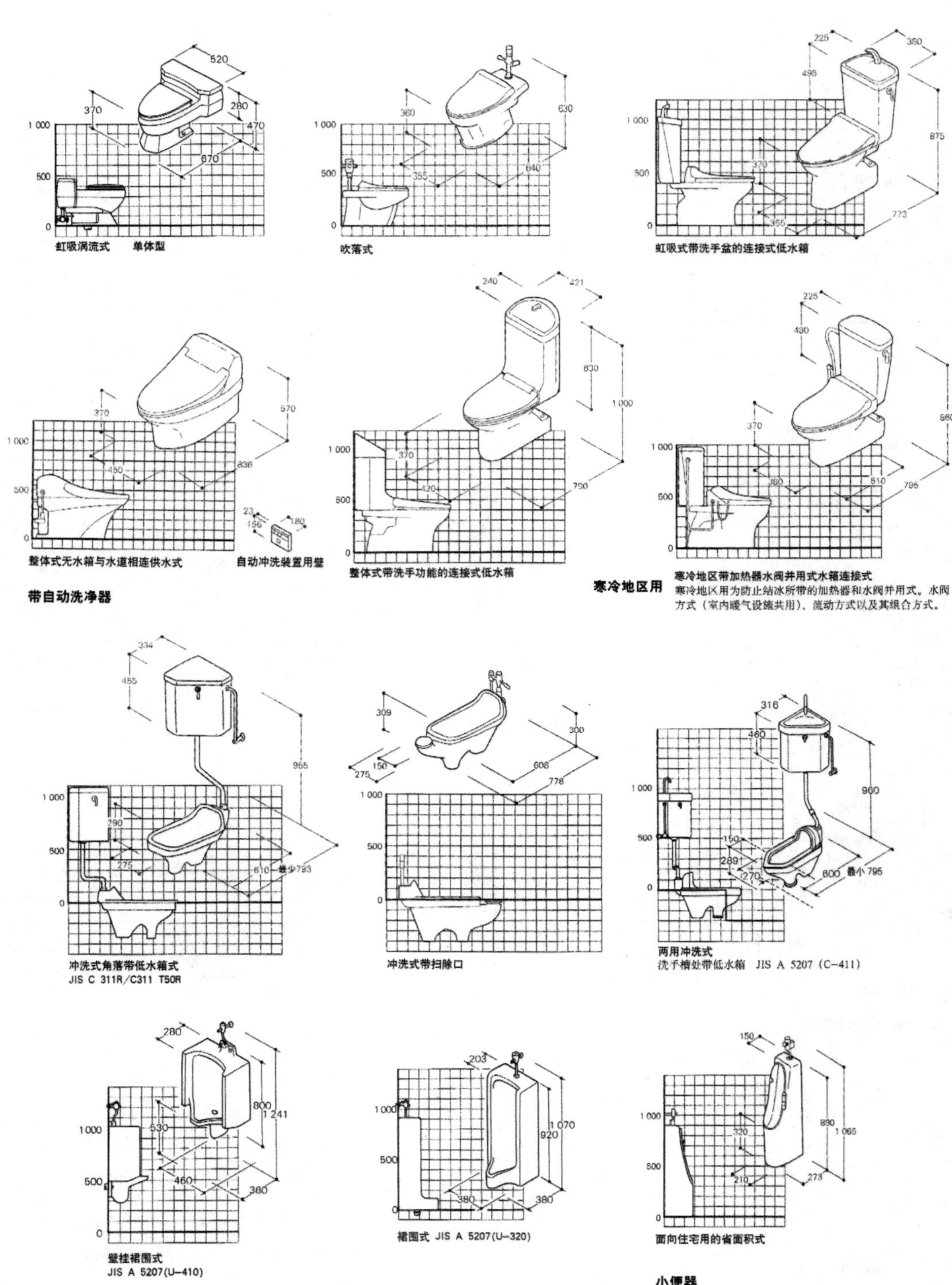
虹吸涡流式　单体型
吹落式
虹吸式带洗手盆的连接式低水箱
整体式无水箱与水道相连供水式
自动冲洗装置用壁
带自动洗净器
整体式带洗手功能的连接式低水箱
寒冷地区用
寒冷地区带加热器水阀并用式水箱连接式
寒冷地区用为防止结冰所带的加热器和水阀并用式。水阀方式（室内暖气设施共用）、流动方式以及其组合方式。
冲洗式角落带低水箱式
JIS C 311R/C311 T50R
冲洗式带扫除口
两用冲洗式
洗手槽处带低水箱　JIS A 5207（C-411）
壁挂裙围式
JIS A 5207(U-410)
裙围式 JIS A 5207(U-320)
面向住宅用的省面积式
小便器

附录

附录图-11

6．更衣、装束(整理柜)

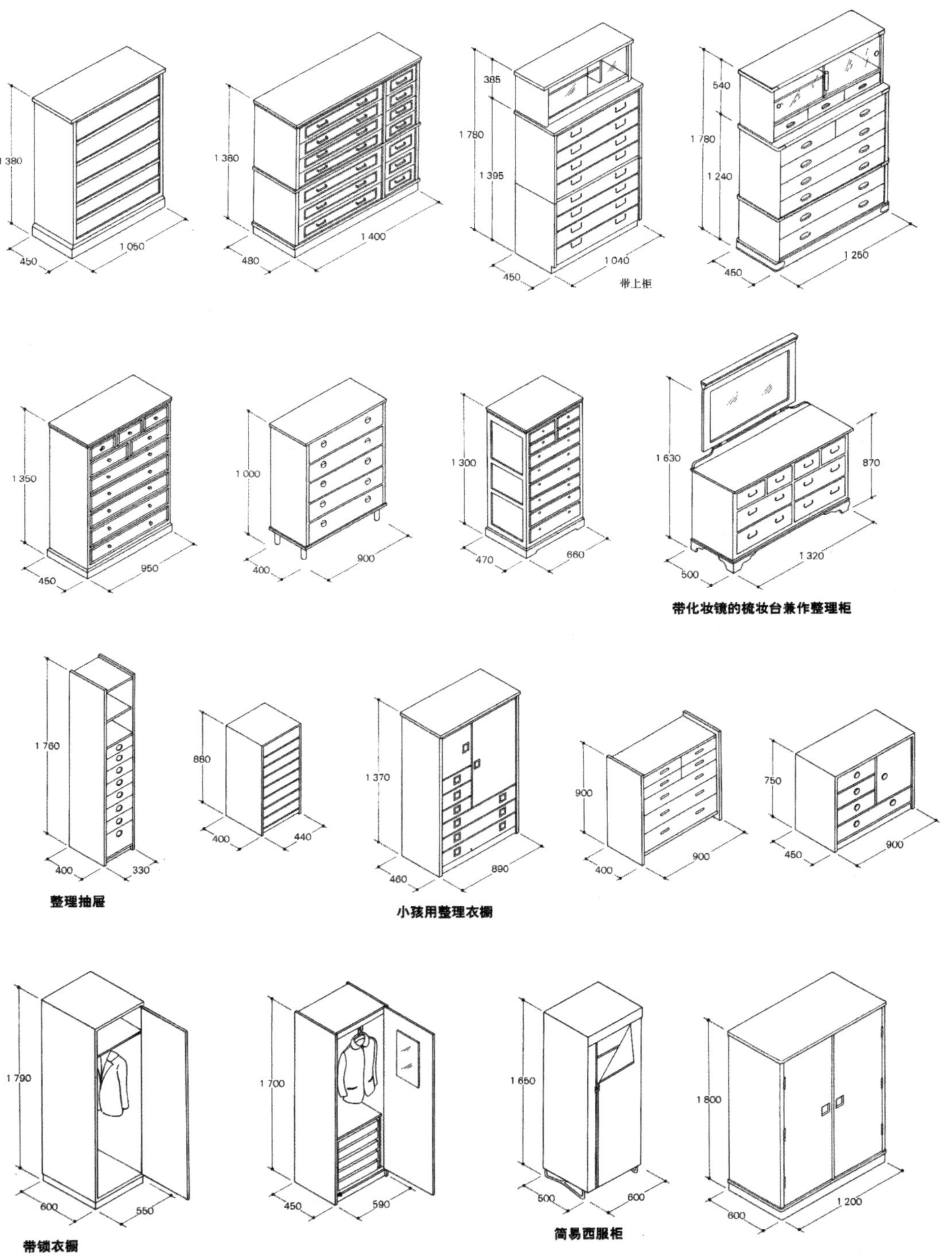

附录图-12

7. 饮食、烹饪(厨房设备)

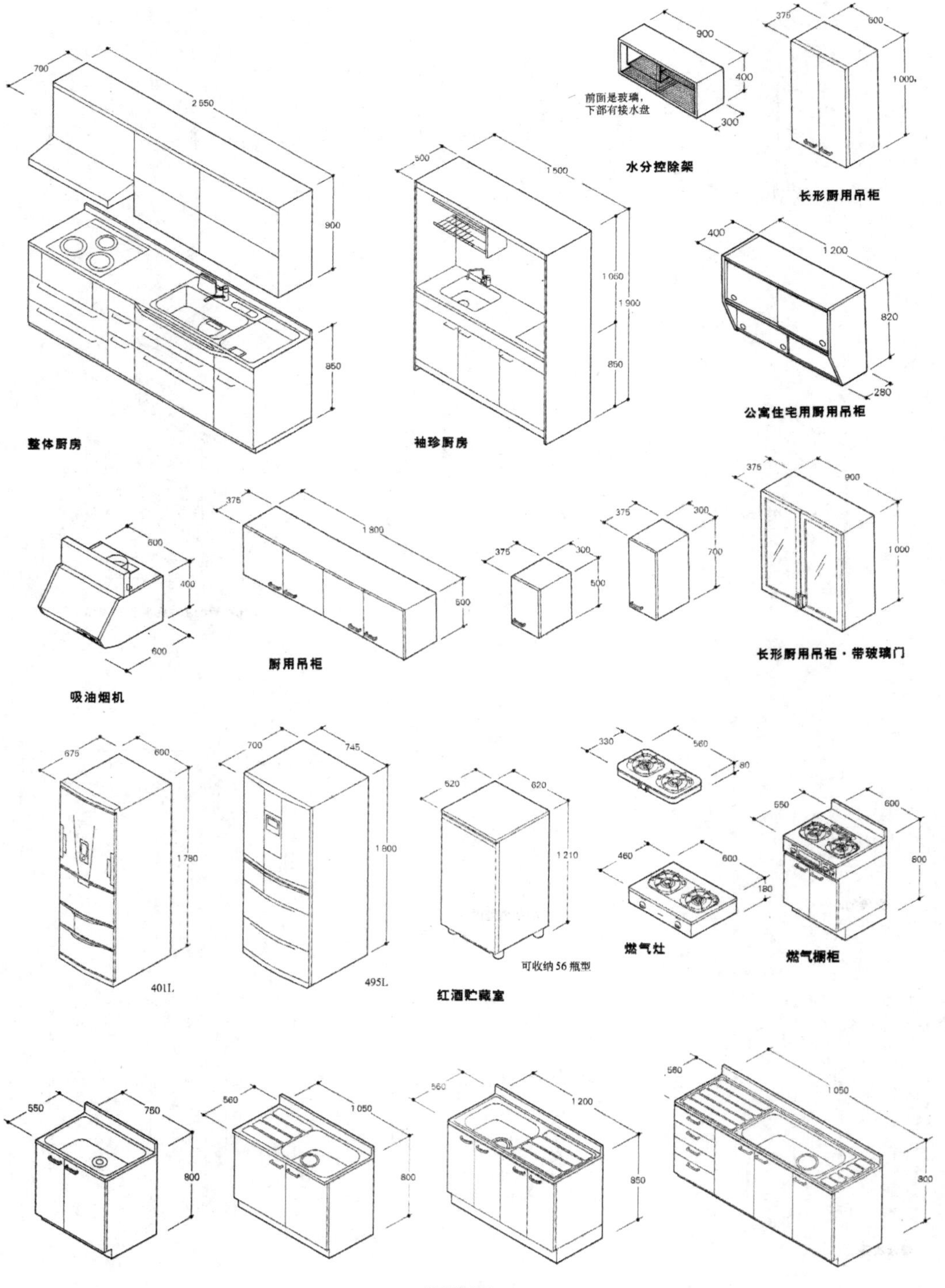

附录图-13

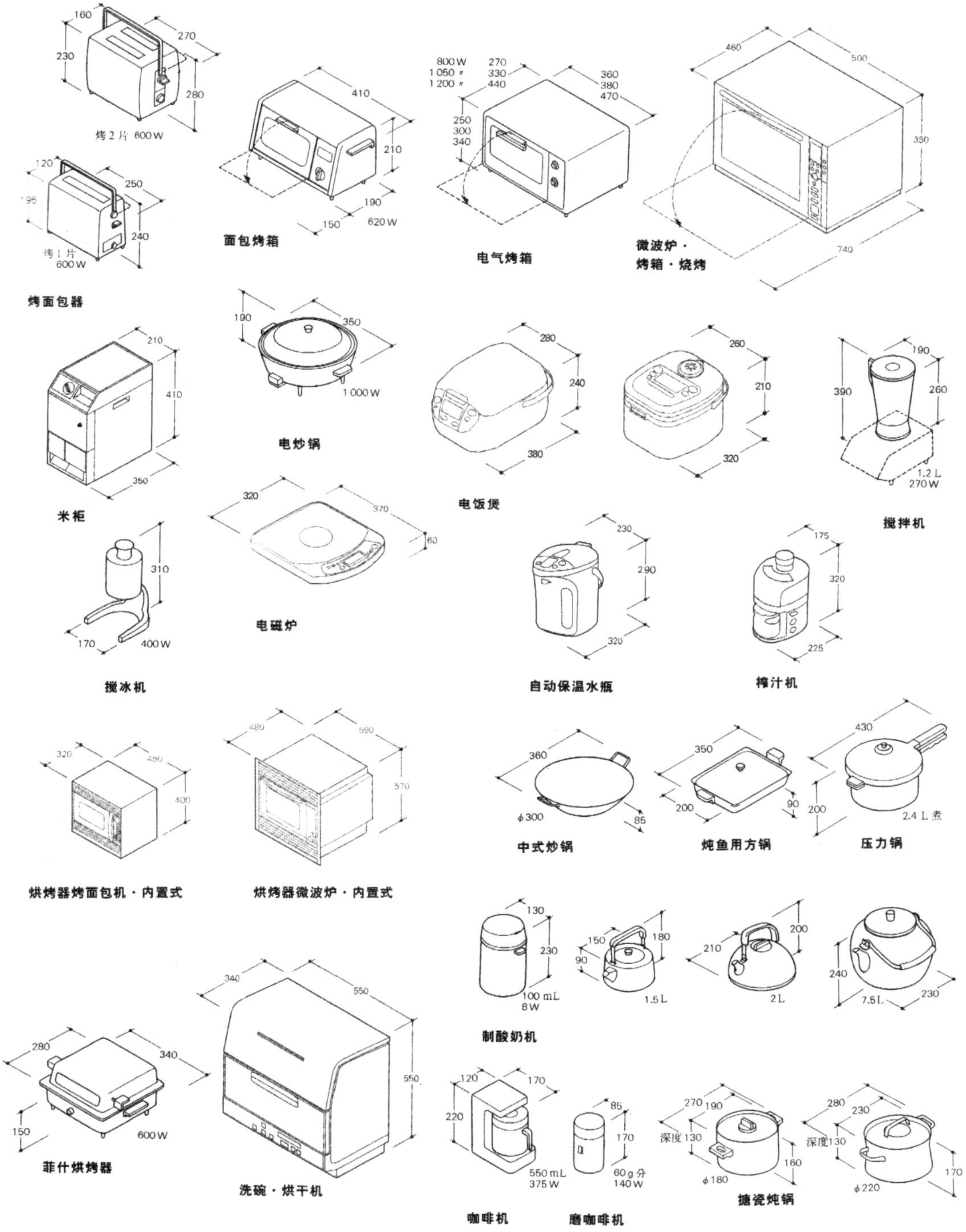

烤2片 600W

烤1片 600W

烤面包器

面包烤箱

电气烤箱

微波炉·烤箱·烧烤

米柜

电炒锅

电饭煲

搅拌机

电磁炉

搅冰机

自动保温水瓶

榨汁机

烘烤器烤面包机·内置式

烘烤器微波炉·内置式

中式炒锅

炖鱼用方锅

压力锅

制酸奶机

菲什烘烤器

洗碗·烘干机

咖啡机

磨咖啡机

搪瓷炖锅

附录图-14

参考文献

[1] 胡剑虹．理性推进，诗意升华，在和谐中创作[J]．ID+C室内设计与装修．北京：中国建筑学会室内设计分会会刊，2004.12.

[2] 高钰．居住空间室内设计速查手册[M]．北京：机械工业出版社，2009.

[3] [西班牙]索勒达•洛伦佐．居家环境的设计与装饰．张挪威，译．济南：山东科学技术出版社，2001.

[4] [美]坎迪•弗兰克尔．儿童天地[M]．李霄燕，译．上海：上海远东出版社/外文出版社，1997.

[5] 沈渝德．住宅空间设计教程[M]．重庆：西南师范大学出版社，2006.

[6] 彭一刚．建筑空间组合论[M]．3版．北京：中国建筑工业出版社，2008.

[7] 罗润来．住宅空间设计[M]．哈尔滨：哈尔滨工程大学出版社，2009.

[8] 建筑设计资料集编委会．建筑设计资料集[C]．北京：中国建筑工业出版社，1994.

[9] 张绮曼，郑曙旸．室内设计资料集[C]．北京：中国建筑工业出版社，1990.

[10] 日本建筑学会．建筑设计资料集成(物品篇)[M]．重庆大学建筑城市规划学院，译．天津：天津大学出版社，2007.

[11] 吕永中，俞培晃．室内设计原理与实践[M]．北京：高等教育出版社，2008.

[12] 张长江．亚太新酒店[M]．大连：大连理工大学出版社，2007.

[13] 家居主张杂志编辑部．家居主张[M]．上海：上海辞书出版社，2005.

[14] 唐艺设计资讯集团有限公司．空间•风格•配饰[M]．天津：天津大学出版社，2010.

[15] 韩国A&C出版社．2010世界室内细部年鉴(下)[M]．天津：天津大学出版社，2010.

[16] 林玉莲，胡正凡．环境心理学[M]．北京：中国建筑工业出版社，2000.

[17] 〔日〕加藤惠美子．世界室内设计[M]．牛冰心，等，译．北京：中国青年出版社，2014.

[18] 〔日〕和田浩一，〔日〕富樫优子，〔日〕小川由佳利．室内设计基础[M]．朱波，等，译．北京：中国青年出版社，2013.